高維度漫想

將直覺靈感，
化為「有價值」的
未來思維

佐宗邦威／著
林詠純／譯

suncolor
三采文化

CONTENTS

目錄

前言——

在「單純的漫想」與「無價的創意策略」之間……10

——Between Vision and Strategy

被「他人模式」劫持的大腦／不管是人還是組織，只要有想做的事情，就會強大／能夠把漫想化為願景的人或組織，格外強大／請試著不仰賴理論或邏輯來思考／如何將直覺與漫想具體化？／「留白設計」是思考的訣竅

序章

「直覺與理性」的世界地圖

——Wander to Wonder

由PDCA支配的「效率農場」……27

「效率農場的居民」開始遭受自動化與VUCA的威脅……30

憑著「理性」開疆拓土的「策略荒野」……34

再怎麼戰鬥都得不到的事物……36
目的難民的新天地——「設計平原」……40
設計思考的3項單純本質……44
從「實用性」解放的「人生藝術山脈」……53
4種思考循環的差異……58

第1章 最符合人性的思考——Think Humanly

為了改變而「繞遠路」——過渡理論……66
掉進洞裡。一切都從這裡開始……69
人們喪失「自我思考」的4個原因……77
培養漫想思考的2個條件……81

「創造留白」成為一切的起點……83
現代人其實更容易培育「右腦」……87
靠「頭腦」思考是不夠的。那麼靠「手」思考呢？……90

第2章

一切都從「漫想」開始
——Drive Your Vision

真正有價值的事物只會從「天馬行空」中誕生……98
「與去年度相比至上主義」——課題或願景……101
「無法實現的目標」真的不合理嗎？……103
比起「成長10%」，不如考慮「成長10倍」——射月型思考法……104
願景驅動化組織管理……109
秘訣 「紙×手寫」是基本……114
秘訣 練習「情緒表達」——晨間自由書寫……117

秘訣 在行事曆中保留「什麼都不做的時間」……120
秘訣 問題也是「留白」——漫想提問……122
秘訣 拋下思考之「錨」——愛好拼貼……127
秘訣 用積木樂高等「手動工具」訓練體感腦……130
秘訣 激發創造的「驅動力」——魔法提問……134

第3章 「感知」世界的複雜

——Input As It Is

「簡單易懂的世界」有什麼問題……144
如何磨練知覺力？——避免頭腦「狹隘化」的方法……147
「擅長探索」就能存活——意義建構理論……149
意義建構的3個步驟……151
關閉語言模式，仔細觀察事物原貌——①感知……153

秘訣 利用「寶特瓶速寫」體驗模式切換……157
秘訣 阻絕語言腦的「顛倒速寫」……159
秘訣 以視覺腦度過一整天的「色彩狩獵」……161
思考時請「畫成圖」，不要「條列出來」——②解釋……162
秘訣 把漫想圖像化的「漫想速寫」……165
秘訣 「單詞圖像化」的視覺化訓練……169
在2種模式間穿梭，並創造「意義」——③賦予意義……170
秘訣 提高模式切換力的「雲朵狩獵」……174
秘訣 將情緒可視化的「情境版」拍照練習……176

第4章 克服平庸的「重組」技法
——Jump Over Yourself

最好從「無聊的漫想」開始……182

不能看到「按讚數」就滿足。多道步驟就能好上加好……183
De-Sign＝破壞概念重新組合……186
「條列式書寫」會僵化思考——分解步驟①……187
秘訣 大幅提高「重組力」的「可動式筆記術」……190
誠實面對不自然之處——分解步驟②……194
秘訣 鍛鍊「吐槽」天線的「不自然感自由書寫」……195
翻轉「理所當然」——分解步驟③……196
秘訣 叛逆鬼畫布……197
為想法帶來「波動」的類比式思考——重新建構的步驟①……199
促進「類比認知」的3個檢查重點——重新建構的步驟②……205
秘訣 類比速寫……210
有「限制」更容易統整——重新建構的步驟③……213
秘訣 一口氣統整想法的各種「VAK」強制發想法……215

第5章

不「表現出來」就不算思考！

——Output First

誰的工作不是在「表現」？……222
疊代（反復）是「用手思考」的關鍵……225
提早失敗就是搶得先機——「鳥眼」與「蟲眼」……228
「速度」才能提高「品質」……230
妨礙「用手思考」的事物——創造表現的留白①……234
秘訣 漫想藝術作品展……239
徵詢意見的「易懂性」——創造表現的留白②……242
秘訣 提升記憶力與創造性的「視覺筆記法」……245
秘訣 促進「類比」的「漫想海報」……250
「打動人心的表現」都有故事——創造表現的留白③……253
秘訣 強烈打動人心的「英雄故事架構」……256

終　章
漫想能夠改變世界
——Truth, Beauty, and Goodness
再問一次，為什麼要從「自我模式」開始？……264
在藝術家的成長中看見「將漫想打磨成實體的技術」……269
從「社會脈絡」再次探索漫想——真・善・美……271
結語——
漫想影響無形資產的時代……278
——Business, Education, and Life

一前言一

在「單純的漫想」與「無價的創意策略」之間

——Between Vision and Strategy

有位朋友這樣告訴我：「最近，我愈來愈搞不清楚自己『真正想做的事情』是什麼了。」

她在大型企業擔任專案的領隊，表現相當亮眼。團隊裡只要有她在，專案就會不可思議地順利運作，簡單來說，她是個「天才型溝通者」。成立任何公司或團隊時，這樣的人絕對是不可或缺。

然而如此優秀的她，卻有著奇怪的煩惱。她說：「雖然工作很順利，但我卻莫名煩躁。我也搞不清楚自己到底對什麼不滿。」

我想，她的問題應該是「溝通太過順利」吧！

為了回應周圍的期待，她把思考的精力都花在別人身上，最終失去了切換成「自我模式」的開關。

被「他人模式」劫持的大腦

仔細想想，你的生活是否是這樣？

每天早上，在固定的時間抵達公司，打開行事曆或記事本確認今日的行程，根據行程開會、見客戶。其他時間就處理文件或帳務問題。閒暇時間，就在推特或IG上貼貼動態，或是看看按讚數，跟友人聊聊時下話題。

這些全部都是對他人給予的資訊做出的反應，屬於「他人模式」的行為。

我們的大腦在日常生活中，一直都採取「他人模式」。比起「自己怎麼想」，更多時候都在思考「該怎麼做才能了解別人的意思，或是讓別人理解」。

被工作績效追著跑、管理部下、應付客戶、做家事、帶孩子、照護家人……我們的生活被龐大的人際網路包圍，被「他人模式」佔據了所有時間。就連在社群媒體上發佈動態前，我們或許都會忍不住想：「該怎麼寫才能比較有趣，讓我的追蹤者願意按個讚呢？」

反之，在日常生活中稱得上「自我模式」的時間，我想應該是少之又少吧？

然而，一旦習慣停用「自我模式」，我們就會逐漸想不起來自己「到底想做什麼」。就算別人特別詢問我們的想法，我們也會逐漸連「自己到底是怎麼想的」都搞不清楚了。

為何會這樣？因為我們失去了發想新概念、琢磨新事物的能力。

更可怕的，就是連感受幸福，為某件事物興奮、感動的能力也將逐漸喪失。

這就是「他人模式」所造成的不良影響。

對於網路世代的我們而言，這或許更可說是一種「生活習慣病」。

呈現出這種病症的人，絕對不算少。

不管是人還是組織，只要有想做的事情，就會強大

其實，在企業的經營，也會發生相同的現象。即使是業績穩定成長的企業，若只顧著把焦點擺在營收、利潤、股東、行銷、競爭公司等「外部」因素，而迷失了自己的初衷，就會愈發變得不知道自己「到底想做什麼」。這樣的組織將會莫名其妙失去能量，甚至影響數年後的經營狀況。

反之，不斷拿出亮眼成績的公司或團隊，一定是懷著強烈的熱情，有著強大「我們要做出這個！」的意志。

驅使他們的，並非「邏輯推理出的有利決策」，也不是「有數據分析支持的行銷方案」。

真正成為他們原動力的，反而是稱不上有根據的「直覺」，或是莫名其妙的「漫想」。換句話說，這些都是「願景（vision）」的根本要件。

我在SONY的任職期間，已經目睹過無數次，舉凡任何能夠順利運作的新計畫，都有著「漫想家」的參與，他們的點子都是從「直覺」出發。每當我看到這些專心致志朝著心中願景前進的人，心裡總是感到由衷佩服。

也是在這樣的契機下，我成立了決策設計公司「BIOTOPE」。「決策」×「設計」乍看之下或許是個讓人覺得矛盾的組合。但「決策」其實就是「先定義出理想的狀態，再找出方法消除理想與現實之間的落差」；而「設計」則是「將嶄新或不存在的概念具體化的手法」。兩者之間，其實意外地合拍。

我們的工作，就是發掘出個人或組織從直覺發展出的「漫想」，透過設計，將其落實成為「願景」，從而將其訂定為一種決策，幫助他們「落實」。這雖然是一間創業僅僅3年的年輕公司，但我已經與各行各業優秀的「漫想家」一起合作了100件以上成功的案子。

能夠把漫想化為願景的人或組織，格外強大

擁有敏銳時代感知的優秀企業，都已經感受到「漫想願景」的重要性。

創業300年的老牌企業山本山、文具製造商飛龍、NHK教育台、Cookpad食譜筆記、NTT DoCoMo、東急電鐵、日本足球協會……等，這些知名企業／團體，都曾找我們特別諮詢，想理解他們打造出「漫想願景」的可能性。

我們的客戶橫跨了製造業、媒體業、貿易業、科技業、航太業、運動業、娛樂業、生技業等，業種相當豐富。

我也在大學講授「從藝術到MBA」的課程。來聽課的幾乎都是在職人士，而我所傳授的則是如何將個人的發想，透過「直覺」與「漫想」琢磨成具體方案。

請試著不仰賴理論或邏輯來思考

「這只是你一個人的『感覺』吧。請拿出數據出來證明。」
「光憑自以為是的直覺，怎麼可能在商場生存。」
「有理論背書的決策行為，才能導向成功。」

這些都是過去的商場常識。

我在大學畢業後進入寶僑公司，周圍同事都拚命灌輸我這些「常識」，而我自己也曾親身感受過理論與邏輯的強大威力。

更重要的是，原本我就是「左腦型的人」，因此也習慣只使用邏輯或理論來思考。

然而，世界正在發生變化。像這種「他人模式為主」的決策方式，在世界各處都已經漸漸失效。根據數據或邏輯，鎖定應該攻佔的市場，並集中挹注資本，這是我們一直以來習慣的模式，但這樣的模式在瞬息萬變、充滿不確定的未來世界中，只會愈來愈不順利。

而能夠純熟運用「直覺」或「漫想」的人或企業，卻能精準抓住時代的脈動，產出真正具有衝擊力的概念，締造產業再次蓬勃的契機。

他們會先提出天馬行空的「漫想」，並以此為基礎，逐步建構理想的架構，吸引人才、資源、資金聚集，進而影響整個社會。

而擅長如此「從無到有」的「漫想者」，如今個個活躍於矽谷的創新公司中。

「讓人類在2035年之前移民火星，有沒有可能？」（伊隆・馬斯克／SpaceX）

「如果可以下載所有的網頁，並將它們之間的連結都記錄下來，會發生什麼事呢？」（賴瑞・佩吉／Google 創辦人）

「何不免費將高品質的教育提供給全世界？」（薩曼・可汗／可汗學院創辦人）

他們都是偉大願景的創建者，而這些願景，多數都是由看似天馬行空的「漫想」出發。

仔細琢磨，你還會發現：這些「漫想」和「利益導向決策」或「市場需求」並沒有直接關聯。

經營學學者亨利・明茲伯格（Henry Mintzberg）是策略理論的泰斗，他非常排斥一種決策法，那就是「遠離第一線、由上而下擬定策略的決策法」。他主張：「真正好的決策，必須要在一步步的實際演練中浮現。」二十一世紀的商場，一切都瞬息萬變，人們真正需要的正是這種「浮現式策

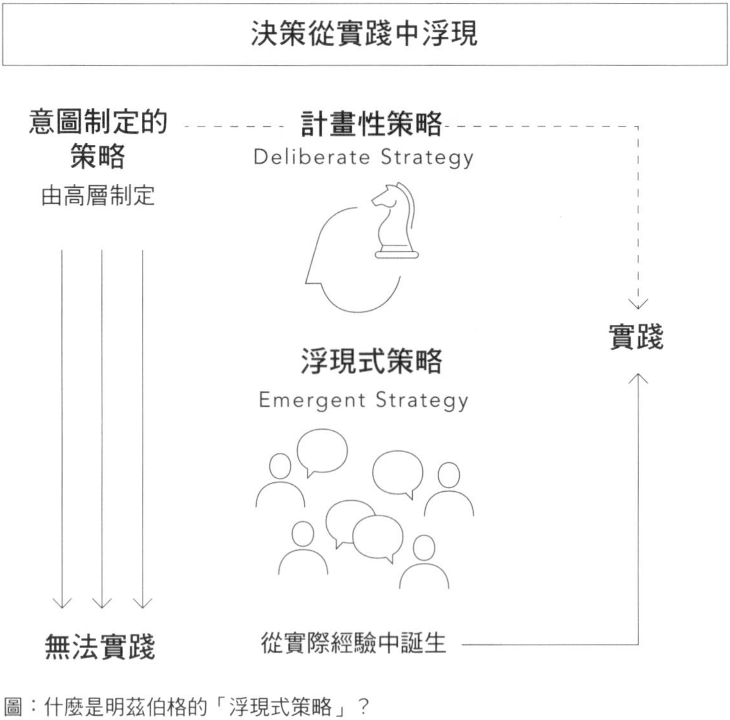

圖：什麼是明茲伯格的「浮現式策略」？

略」（Emergent Strategy，又被稱為「應急策略」）。

就算你有機會親自問伊隆・馬斯克：「你為什麼想讓人類移民火星？」應該也很難得到合理的答案。這項驚人的劃時代計畫充滿太多風險與變數，恐怕並不符合利益考量。甚至，或許連拯救人類都不是他的目的。

如何將直覺與漫想具體化？

充滿創新想法的人，並不會拘泥於「理性邏輯」或「利益導向的策略」。激發他們展開行動的，是「直覺」。促使他們繼續前進的，是他們構築的「漫想」世界。

一般人遇到阻礙時會放棄，他們卻能依照自己的步調持續前進。

這些成功的漫想家，他們的出發點看似最偏離「理性」，但為什麼他們的想法最終卻能夠化為實際的計畫，被成功執行落實呢？

只是愛做白日夢的人，跟能夠真正改變世界的「漫想家」之間，究竟有什麼區別呢？

無論再怎麼喜愛天馬行空胡思亂想，如果只停留在純粹的「胡思亂想」，就沒有辦法創造出任何價值。

以漫想為起始點，將想法具體勾勒，說服周圍的人接受，這些都是不可或缺的步驟。

「始於直覺的思考」，若停留在「胡思亂想」的階段就止步，就太可惜了。漫想家以天馬行空的漫想為出發點，但同時也不忘連結「理性邏輯」，將漫想落實為實際可執行的策略。本書將這整串思考過程稱為「漫想思考」。

「留白設計」是思考的訣竅

或許有不少人聽到「從直覺出發思考」，會感到不可思議吧？我以前也是屬於「超級理性」的人，很明白這樣的心情。

我以前也是「花一個小時腦力激盪，才好不容易擠出兩個點子」的人。即便累積了多年的職場經驗，仍然覺得「創意」與「靈感」是天選之人才擁有的天賦。但是請各位放心。因為本書介紹的「漫想思考」，其實人人都能做到。

為了給各位稍微具體一點的概念，在此先透露一個漫想思考的「訣竅」：那就是「創造留白」。

還記得開頭的故事嗎？我給案例中的朋友的「兩個建議」就是：

①馬上去買一本筆記本（推薦空白的 A6 Moleskine 筆記本）。

②每天早上騰出15分鐘專門寫筆記的時間，並且立刻安排在行事曆上。

一個月後，她的神情明顯變開朗了。原本就聰明的她，思路變得更清晰，據她本人說法，工作起來也更加得心應手。

除了「親自手寫」、「持續一個月」、「不要給別人看」等指示外，我還給了她一項最重要的建議：「要盡量在筆記的週邊留白」。至於要「寫什麼」，我沒有給她任何指引。而她最後成功悟出了「連結直覺與理性的思考法」，逐漸找回了「自我模式」。

這就是「留白」的力量。詳細的使用方法，可見本書第2章的「晨間自由書寫（morning journaling）」。這是我從近100項計畫中培養出來的獨特思考術精華。

或許有些人會懷疑：「有這麼簡單執行嗎？」但請明白，培養漫想思考，就像是給自己的人生「下了一帖中藥」。這種思考法並不能與傳統的邏輯思考或策略性思考相比，長期服用才能從根本實際感受到它的妙用。

那麼就讓我們進入正題吧。

首先我最想告訴大家的就是：「漫想思考與傳統的思考法有什麼不同？」從下一頁開始，讀者將能透過插圖中的世界，快速理解本書的概念。祝漫想順利！

佐宗 邦威

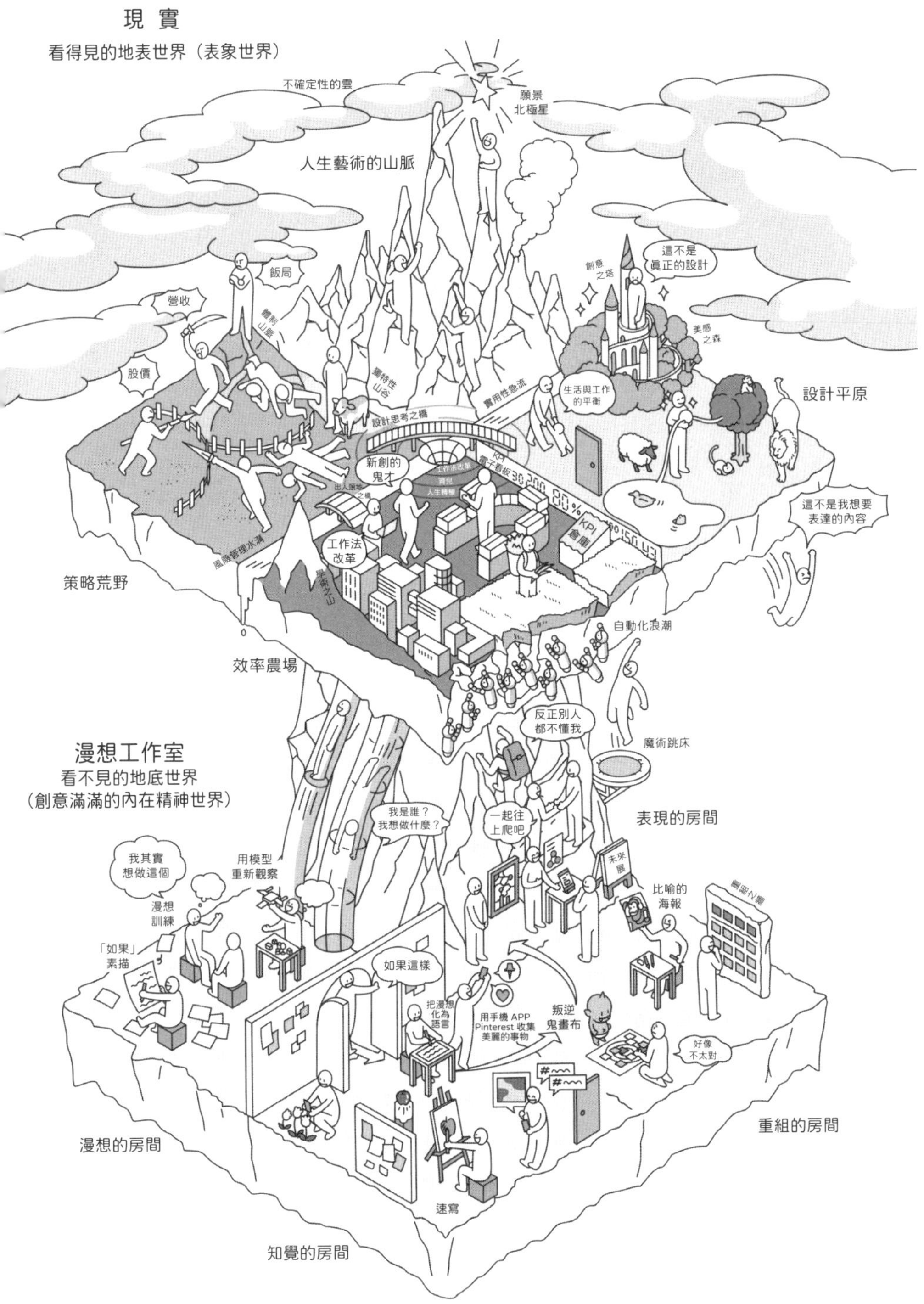

現 實
看得見的地表世界（表象世界）
不確定性的雲
願景
北極星
人生藝術的山脈
飯局
營收
體制山脈
股價
獨特性山谷
實用性急流
設計思考之橋
創意之塔
這不是真正的設計
美感之森
生活與工作的平衡
設計平原
新創的鬼才
出入頭地之橋
KPI電子看板 30 200 80% 150 43
KPI倉庫
工作法改革
風險管理水溝
策略荒野
學術之山
這不是我想要表達的內容
自動化浪潮
效率農場
反正別人都不懂我
魔術跳床
漫想工作室
看不見的地底世界
（創意滿滿的內在精神世界）
我是誰？我想做什麼？
一起往上爬吧
表現的房間
未來展
我其實想做這個
用模型重新觀察
漫想訓練
「如果」素描
比喻的海報
如果這樣
把漫想化為語言
用手機 APP Pinterest 收集美麗的事物
叛逆鬼畫布
好像不太對
重組的房間
漫想的房間
速寫
知覺的房間

序　章

「直覺與理性」的世界地圖

Wander to Wonder

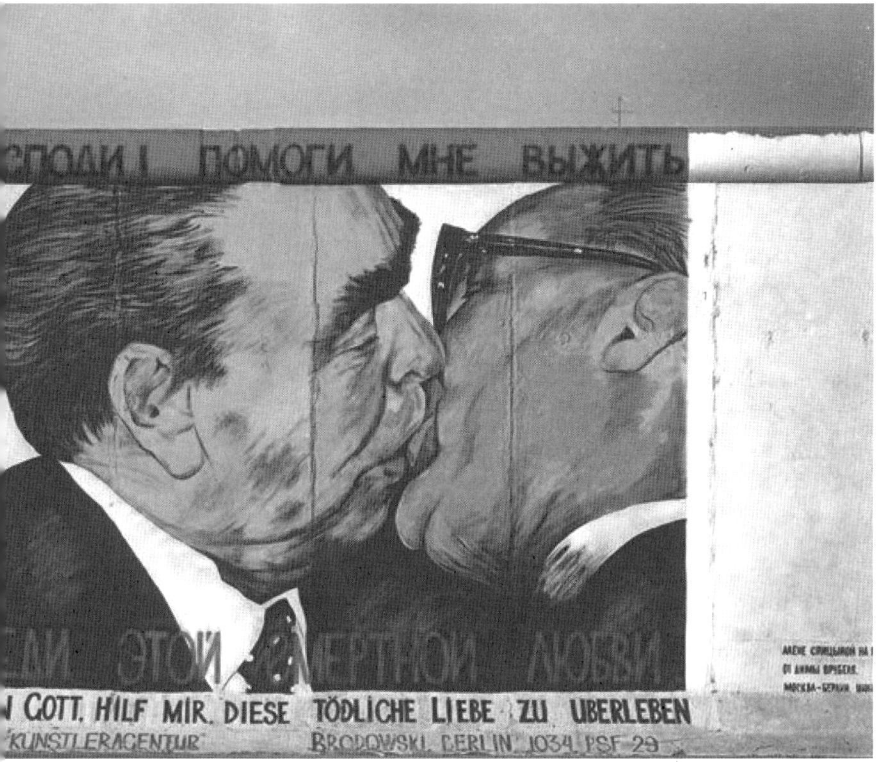

《上帝啊，請助我在這致命之愛中活下來吧》（米迪・盧貝爾）——這是分隔東西德的柏林圍牆遺跡上的塗鴉，描繪的是前東德領導人昂納克與前蘇聯領導人布里茲涅夫接吻的樣子。諷刺的力量，巧妙消融了世界的「分裂」。

該怎麼做，才能把「天馬行空的點子」與「直覺」化為驅力，琢磨成具體的想法呢？——這是我們目前最需要了解的事情。

首先，我們需要比較「連結直覺與理性的思考法」與其他思考法在特徵上的差異。如此一來，就能看清楚這種獨特思考法的「架構」與「界線」。

首先我想告訴各位，過去我們的思考方式大致分為3種類型：效率思考、策略思考、設計思考。而漫想思考則是與這三者完全不同的「第4種思考類型」。

①效率思考
②策略思考
③設計思考
④漫想思考

本章將以圖像的方式表現各種思考方式，進而讓各位深入理解漫想思考的運作方式。

由PDCA支配的「效率農場」

我現在正在從事與創意相關的工作，但我成長的環境卻可說與「創意」一點關係都沒有。我在本書前言也提過，我原本是極端「左腦型」的人。

我在學生時期就讀開成高中與東大法學院，而我身邊的同學們，多數都擅長邏輯性思考，能以絕對的理性解決問題。我自己也完全不排斥有邏輯可循的益智遊戲，或是有標準答案的謎題。

在二十五歲之前，我還單純地相信「世界上多數的事情都有『標準答案』」。即便看似困難的問題，只要透過日積月累的「努力」，總有一天，一定能夠找出解答。這就是我當時的世界觀。

我稱這種由累積型思維主導的世界為「效率農場」。請各位看向下方的插圖。

「效率農場」最主要的特徵，就是「所有的事物都以一定的指標在運作」。以升學考試來說，指標就是分數與大學排名；以就業來說，指標就是公司規模與起薪；以職場表現來說，指標就是市佔率、獲得的新客戶數……等等。在這個空間裡的每個人，都不會去想為什麼追求這些是正確的，大家都把ＫＰＩ（關鍵績效指標）視為「絕對的真理」。

事實上，在企業工作的上班族，或多或少都以爭取公司的ＫＰＩ為前提行動。即便是大學的教授學者，也會被學術圈依類似的基準進行考核。

圖 0-1：第 1 個世界「效率農場」

在「效率農場」，成為適者只需要一項條件，那就是提高生產性。在這個地方，每個人被賦予的時間都是平等的。手上的能力與資源，也被假設沒有太大的差異。如何在這個範圍當中增加「收穫量」，就是勝負的關鍵。簡而言之，提高效率，增加單位時間的產出就是一切。

由計畫→執行→查核→行動（Plan-Do-Check-Action）組成的PDCA循環，就是為了提高效率所開發出來的方法，簡稱「效率」。舉例來說，升學考試最紮實的對策就是「考古題訓練」。盡量在腦中累積大量的考古題出題模式，將導出標準答案的時間縮到最短。確實複習錯誤的部分，下次就能活用這項資源，避免重蹈覆轍。如果想要獲得更高的分數，就不可缺少這樣的「效率」循環。

當我們在職場上說「我們的產能提升了」、「他真是個能幹的人」、「她動作很快，真的很優秀」時，我們便採用了效率思考。透過加快工作速度、縮小該完成的工作範圍等來增加效率，就能提高單位時間達成率。

請再次確認右頁插圖。多次重複PDCA循環，收割「績效」這項農作物，就是

「效率農場」中居民們的日常。

「效率農場的居民」開始遭受自動化與VUCA的威脅

然而，幾乎前所未見的危機，正逐漸開始威脅這些「效率農場」的居民。這些危機就是「自動化浪潮」與「VUCA」。

許多專家都已經強調過AI（人工智慧）與機器人帶來的威脅，所以我應該不需要再贅述。遵照PDCA循環就能有效學習的領域，或一定程度決定步驟就能自動化的領域，今後將逐漸被機器人與人工智慧取代。

另一個危機是：這個世界的前景逐漸變得捉摸不定。以前人們根據過去成功或失敗的經驗預測未來，進行決策。但現在可以確定的只有「能夠確切預測的未來幾乎不存在」。聚集全球經濟人才的達沃斯年會（世界經濟論壇），用「VUCA」形容這樣的狀況(1)。VUCA是Volatility（不穩定）、Uncertainty（不確定）、

Complexity（複雜）、Ambiguity（模糊）這4個單字的字首組合而成的新詞彙。現在「效率農場」，正被名為VUCA的「迷霧」壟罩，幾乎看不見未來。

VUCA的世界幾乎與原本支配這座農場的世界觀完全相反。農場的人們一直以來都靠著這樣的預測生活：「每年約有這樣的收成，所以如果增加一成的農地面積，收成量也會增加一成吧」；「去年考試有這樣的出題趨勢。今年也針對相同領域準備吧」；「市場的年成長率為10%，所以明年度的預算大概是這樣」。過去總是這樣預測未來的農場居民們，未來將愈來愈無所適從。這不是因為居民懶散，而是這世界變化得太快了，變得複雜、模糊，充滿不確定性。過去資料的調查研究與分析，或是基於這些分析擬定的策略與對策，將逐漸追不上變化。

「現在是沒有標準答案的時代。」大家是否經常聽到這句話呢？這句話的意思不是「人們找不到標準答案」，而是如同字面所示「標準答案不再存在」。大多數的人或組織，需要的不再是「能夠找出答案的人」，而是「能在本來就沒有答案的前提下靈機應變做事的人」。過度勤勉的人，反而可能因勤勉而限制自身發展。

上述這兩項威脅，正在考驗著「效率農場」的運作方式。但即便如此，多數人依然不打算離開這裡，這到底是為什麼呢？

因為這裡隱藏著某種「陷阱」。

讓我們再次看向插圖。效率農場的右側邊緣，設置了一塊顯示ＫＰＩ數字的大型電子看板，讓居民們能隨時看見自己的績效。即便周圍還有其他廣闊的世界，但居民的視野卻被「提高農場ＫＰＩ」的看板遮蔽，於是逐漸喪失離開這裡的念頭。

來找我諮詢的企業，多數會提出以下問題：

「公司裡缺乏開發新商品或構思新服務的提案，氣氛像是一灘死水……」

「公司只敢打安全牌，所有企畫都要在內部取得最大共識才敢去做……」

「公司栽培的都是循規蹈矩的乖寶寶，誰都無法提出嶄新的概念……」

為什麼會這樣呢？因為「效率農場」的居民，嚴格上來說並不太像人，反而比較像是工作機器。仔細想想，你是否也習慣這樣生活呢？處在有條理的規則中，進行在某種程度上能夠預測出結果的工作。不管在職場還是在家裡，都有忙不完的瑣事，一不小心，每天就只是不停完成例行的作業。如果你是這樣生活，那麼你毫無疑問就是「效率農場」的居民。

盡量置身於容易預測、視野良好的世界，或許可說是人類為了生存而開發的本能，因為如果不斷發生自己無法控制的狀況，人就會感受到壓力。然而，二十一世紀的現代，「自動化」與「VUCA」正逐漸接近這座農場。如果只是採取被動的態度，將更容易遭受「無法控制的狀況」襲擊，導致壓力變得更大。

你是效率農場的居民嗎？你的壓力每天都在攀升嗎？在職場，想必你有堆積如山的任務，上司、部下與客戶都等著你應對。回到家裡，除了照顧孩子、伴侶，可能還必須照顧雙親。該做的事情數不清，只能不斷地「解任務」。這樣的日子過久了，你是否有股莫名的煩躁感，在心裡開始懷疑：「這樣下去，真的好嗎？」

註：人們在歷經育兒、工作法改革、人生轉機等重要人生過渡時期，將有機會跳入洞中，進入漫想工作室。細節會在第1章詳述。

憑著「理性」開疆拓土的「策略荒野」

因為人們有了這樣的危機意識，於是開始出現想主動取得資源的人，這也就是所謂的「策略思考者」。他們離開了「效率思考」的領域，背負著風險，在沒有保障的世界中進行生存遊戲。他們開啟了戰鬥本能，熱衷於狩獵與攻城掠地。這些戰鬥民族所居住的地方，就是「策略荒野」。

「效率農場」存在著明確的規則，一群人在規則之內展開競爭。相較之下，「策略荒野」只有一套標準，那就是人只能透過勝利取得力量。在策略荒野上，一切以利益結果為導向。習慣策略思考的人，為了獲得更高的營收與利潤，有時甚至違反規則也在所不惜。終究，個人的勝利以及支配力（權力）才是最重要的。

無數的專家學者都曾出書或演講來說明「策略思考」。策略思考的本質，其實就是「選定自己的目標，並不計手段達成(2)」。設定正確目標的方法，則是分析現狀、拆解問題，以免重複或遺漏。最具有代表性的「問題分析架構」，就是源自於麥肯錫內部用語的「MECE（無重複，無遺漏：Mutually Exclusive, Collectivelly Exhaustive）」。

在「策略荒野」上，人們彼此攻城掠地，必須具備面對衝突的心理韌性，以及早一步將對手壓制的策略。實務上來說，最有效的方法就是在一定程度上，鉅細靡遺列出目前面對的問題，並預測出自己能夠勝出的關鍵。策略思考教科書經常羅列出各種架構或邏輯樹，這些都是將策略步驟化後的簡單圖像。

在這片荒野中，你必須要思考的是：「藍海」（競爭對手還沒發現的領域）在哪裡？有沒有先發制人的好方

圖 0-2：第 2 個世界「策略荒野」

法，能夠取得先機呢？一旦設定好目標，那就不遺餘力、不計手段也要達成它。

在這片「策略荒野」上，大家身上滿滿都是動力，但這些都源自「想要成功、成為第一名」、「想要變有錢」、「想要受歡迎」等心理，與其說是嚴密計算後的目標，不如說是一種源自本能的慾望。這裡，是個慾望與理性並存的世界。

再怎麼戰鬥都得不到的事物

我從東大法學院畢業後進入的第一間公司寶僑，就是在這片策略荒野中成功生存下來的外資企業。我隸屬於這間公司的行銷分析與品牌策略部門，在這裡打下了邏輯思考與數據運用的基礎。寶僑累積了龐大的市場動向報告與銷售數字，並能夠徹底有效運用這些資料做為各種決策的依據。

我在這間公司，不僅有機會參與衣物消臭劑「風倍清（Febreze）」與「蘭諾（Lenor）」等熱門商品的行銷，還獲得了「吉列刮鬍刀」的品牌管理經驗。

每項專案的過程都非常重視數據以及策略擬定的方向。我根據使用者數、使用頻率、家庭內的使用人數、品項數目等數據，仔細分析商品的營收，鎖定今後的行銷方向。訂定方向之後，就開始投入預算，將行銷方案付諸實行，並驗證其效果。我的工作就是不斷反覆這樣的過程。

這種數據導向的行銷，只要沒發生什麼意外，就不會嚴重失敗。「命中率」高，也有助於事業穩定成長。

但另一方面，這種行銷也不是完全沒有缺點。最典型的缺點就是「數據依賴症」。過度根據數據進行決策後，便開始逐漸發展為：沒有明確數據支持，就不敢進行任何新計畫。長此以往，就逐漸無法產生新的想法，因為思考都被侷限在如何幫助已存在的商品或事業成長。同時因為缺乏商業直覺，經常被不太重視數據的競爭對手搶占市場先機。

不過，當時公司內部也明確意識到這個問題。當時的寶僑，聚集了行銷界的超級巨星，例如：讓大阪環球影城起死回生的森岡毅；曾參與「碧浪（Ariel）」、「JOY」等產品的行銷，現任吉野家執行董事的伊東正明；現任日本可口可樂副社長和佐高志；前資生堂最高行銷負責人（CMO）音部大輔等人。這些「寶僑幫」，在今日的商場中依然叱吒風雲。

當時，我曾和這些強者前輩們熱烈地討論我心中的理想行銷，因而學到很多事情。其中一位前輩說的話，至今仍讓我印象深刻。

「佐宗老弟，你聽好。寶僑的行銷能夠在市場的競爭中勝出，確實是因為重視數據的緣故。但就連這樣的寶僑，其實都是靠著『少數能夠創造新戰局的行銷人員』扛起八成的利潤。策略思考與架構等等，只不過是補足其餘兩成利潤的工具。你絕對不能忘記這點。」

「創造新戰局」指的，就是重整市佔率逐漸下滑的品牌，或是成功創立新品牌。換句話說，就是在既有的規則下無法勝出時，從零設定市場尚未存在的新規則來改變競爭方式，創造出有別於以往的「致勝方法」——做得到這點的行銷人員具有最高的價值。

寶僑明明是徹底依照數據與邏輯進行決策的企業，但其中的資深前輩，竟然告訴我「開創新戰局的重要性」，這點令我驚訝不已。要想在「策略荒野」獲得壓倒性的勝利，或許光憑策略思考並不足夠。我隱約覺得，能夠創造出這種局勢的行銷人員，應該並不是使用策略思考的人，而是來自外部世界的「外來種」吧？

此外，這片荒野上，有著一項重大缺點，那就是「彈性疲乏」。在這個視結果為一切的世界中，自己的成果清楚反映在「職階」、「年收」上。年輕時或許還有力氣追逐名利，但這樣的競爭沒有結束的一天。很多人爭鬥到一半就累了，於是中途離開。當然，你可以認為，爭奪市佔率這件事情本身可以像遊戲一樣有趣。但在龐大的壓力之下，還能一輩子在這種遊戲中打滾的人，只有極少數。換句話說，這樣的競爭狀態不可能永遠持續。

目的難民的新天地——「設計平原」

我離開寶僑的原因，也沒辦法用語言清楚定義。但我在當時感覺到自己的極限，於是在某天決定離開。

長期在「策略荒野」打天下的人，似乎都會在某個時間點察覺到自己的極限。他們發現自己成了「目的難民」，不知道自己為何而戰。在這塊大地上無止無盡地競爭，這樣的人生真的有價值嗎？話雖如此，如今也不可能再乖乖回到「效率農場」。難道我們能做的，只有在「策略」與「效率」之間搖擺，尋找稍微能夠取得平衡的方法嗎？

人們在這樣的情況下，可能就會突然發現：「策略荒野」不是有一座通往外面世界的橋嗎？橋的另一邊就是廣闊的新天地：「設計平原」。

我們已經厭倦了沒日沒夜埋首於「策略」的日子，多虧有「設計思考（design thinking）」這座橋，開拓了一條從「理性」通往「創造」的康莊大道，這對我們來說，是天大的好消息。

丹尼爾・品克（Daniel H. Pink）的著作《未來在等待的銷售人才》（大塊，２００６）說明頂尖的銷售人才必須擺脫理性至上主義。而湯姆・凱利（Tom Kelley）等人共著的《*The Art of Innovation: Lessons in Creativity from IDEO, America's Leading Design Firm*（暫譯：創新社會：向全球最棒的設計公司ＩＤＥＯ學習創新技法）》說明了活用感性的重要性。ＩＤＥＯ的創辦人大衛・凱利（David Kelley），根據史丹佛大學的課程內容，也提倡設計思考的架構。

於是，愈來愈多人發現「原來商業與設計之間，其實是環環相扣」。

我離開寶僑之後，換了好幾份工作，最後來到ＳＯＮＹ。我有幸加入創意中心部門，在草創階段參與了社長直屬管理的「新事業創立」的開發計畫。

我在就職的前一年在美國芝加哥伊利諾理工學院留學，修的是「設計方法」碩士課程，在那裡學習正統的「設計思考」。伊利諾理工學院是美國最早在設計領域開設博士課程的大學，比享譽全球的史丹佛大學設計學院 D.School 更早將「設計思考」方法化，可說是「設計思考」的始祖學院。

當時人們出國留學讀的幾乎都是MBA，幾乎沒有人特地到美國念設計學院。因此我的留學日記部落格[3]受到了一定程度的關注，我的前作《商業人・設計腦》（商周，2016）就是這段留學期間的經驗彙整[4]。

一般人對「設計思考」這個概念想必是一頭霧水吧。因此在這裡，我會盡可能以淺顯易懂的方式向讀者說明「設計思考」的本質。

首先就最基本的面向來說，開始學習設計思考完全不需要藝術或設計相關

圖 0-3：第 3 個世界「設計平原」

天分。設計思考只是將設計師在創造某個作品時進行的思考過程抽象化，歸納成任何人都能在商場上使用的架構。如果將創造比喻為腳踏車，設計思考就像是「輔助輪」。

這可說是設計思考的基本。很多人都這樣說：「設計思考？但是我不會畫畫！我的美勞成績每次都只有丙。」或許「設計」這兩個字，總是會讓人聯想到與美術相關，所以大家才會產生這樣的誤解吧。

但在沒有更好的翻譯之前，請讓我繼續沿用「設計思考」這個詞彙吧。比設計思考的專家更有「設計天分」的人應該很多，而且實不相瞞，就連我這個策略設計公司的負責人，高中成績最差的科目之一就是「美術」。所以我希望不擅長畫畫的人、手工笨拙的人、缺乏藝術素養的人，都能拋下顧慮，耐心讀下去。

設計思考的3項單純本質

那麼，設計思考的核心「設計師在創造某個作品時進行的思考過程」到底是什麼呢？提倡設計思考的ＩＤＥＯ執行長兼總裁提姆・布朗（Tim Brown）將其定義為「透過設計師的工具組合，整合人們的需求、設計的可能性以及商業上的成功這3項要素，藉此追求以人為本的創新」。這個定義有點抽象，但如果說得更具體一點，其精髓可歸納為以下3點：

① 動手思考——原型試做
② 活用五感統合——左右腦並用思考
③ 大家一起解決生活者的問題——人本共創

設計思考的本質① 動手思考

我們在準備展開某項新計畫時，大致會依序從「調查分析」、「製作企畫書」、「開會」著手。但是，你有沒有想過呢？在產出某項概念之前，「必須先動腦思考、計畫」，會不會就是一種迷思？當然，蓋新房子之前，不能沒有設計圖。但如果只是「想像」新房子的樣子，設計圖應該擺在之後再畫就行了。

這是什麼原理呢？只要觀察幼兒玩黏土就會發現，他們在動手之前沒有任何明確的計畫。幼兒會先動手製作，然後才在過程中開始動腦，針對成果進行修正。許多幼兒會一開始說「我要用黏土做房子」，但最後做出來的卻是「汽車」或「大象」等等。簡單來說，這就是「用手思考」的範例。

事實上，「Build to Think（為思考而做）」就是設計思考的一大宗旨。先動手，再動腦，才能在這樣的過程中刺激想法，創造出新的事物。這是在藝術和工藝的領域，根據經驗法則衍生出來的一個重要的方法論。

麻省理工大學（MIT）教育學院的已故教授西摩爾・帕普特（Seymour Papert）

將這樣的學習模式歸納為建構主義（constructionism）[5]。建構主義的核心，就是在縝密的計畫之前，先做出半成品，以此為起點展開修正。像這樣的試做品，在設計思考的領域稱為「原型」，而這種製作試做品的行為，一般就稱為「原型試做」。

我們在準備展開某種發想之前，有時候會抱怨「我有點陷入瓶頸了，想不出什麼好的點子」。但是在建構主義的世界裡，原則上不可能發生這樣

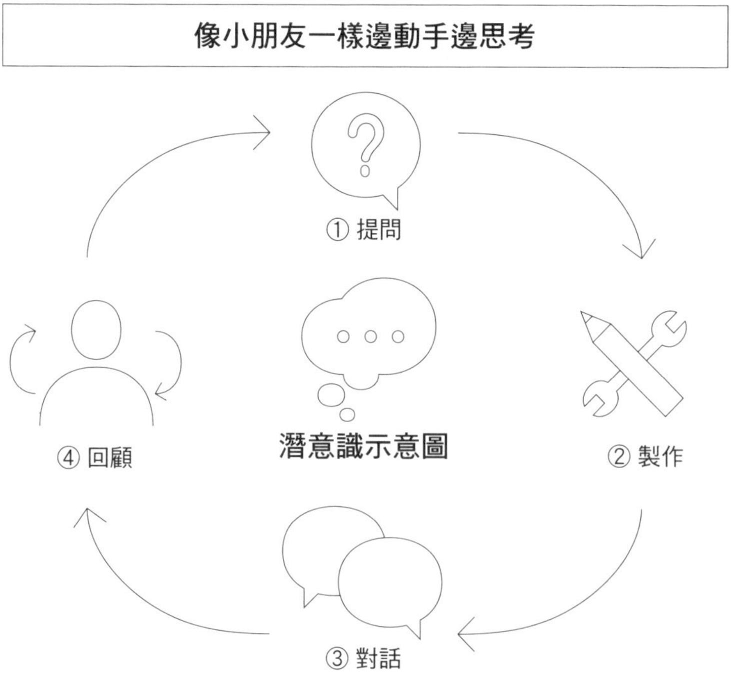

圖 0-4：帕普特提倡的「建構主義」學習模式

的事情。因為在大腦產生想法之前，我們就已經有無數個具體原型可以參考。就這點來看，設計思考與策略思考依循的步驟，可以說是完全相反。

設計思考的本質②　活用五感統合

1960年代，史丹佛大學的研究者們，意識到一個問題：「擁有優異的理性思考能力的工程師，極度容易失去『創造力』。如果對這個現象置之不理，美國將會逐漸失去創新的能力。」

從這個危機感中誕生的，就是「左右腦並用思考（ambidextrous thinking）」課程。而這樣的課程，也成為史丹佛大學D.school等學院傳授的設計思考的基礎。

左右腦並用思考，在這裡指的是一種超越「左腦／右腦」、「理性／直覺」、「語言／圖像」等二元對立，將兩者整合之後創造出新事物的思考方式。

換句話說，設計思考重視的不只是直覺或圖像。雖然出發點是賦予非線性思考模式新的價值，但也不會止步於單純的靈感或漫想。

設計思考的本質，就像是在直覺與理性之間自在穿梭的「來回運動」。史丹佛大學提倡的「左右腦並用思考」，也建議使用者自發性地在思考的L模式（語言腦）與R模式（圖像腦）之間進行切換，藉此將想法琢磨得更完整。

因此，當你動手試做原型之後，請不要忘記，要將「語言／對話」的作業再歸納進來。舉例來說，當你自由創作出一個黏土模型，請將這個具體物件賦予「名稱」，或是賦予一些「關鍵字」也可以。

這邊介紹一下VAK模式。VAK是Visual（視覺）、Auditory（聽覺）、Kinesthetic（體感）這3個單字的字首，在NLP（神經語言程式）心理學的領域中經常被提及。人透過五官來感知世界，但優先使用哪種感覺，卻因人而異。根據每個人感覺系統優先代表的不同，可分成視覺型／聽覺型／體感型這3種類型。

舉例來說，「視覺型」的人用眼睛看再學習，效率最高，並且有頻繁使用視覺語言的傾向，在閱讀長文或是速讀上，能力可能都優於一般人。

至於「體感型」的人，則適合先實際動手再學習。他們在對話中也經常出現與體感有關的語言，譬如「這個畫面讓我全身雞皮疙瘩」、「這句話戳中我心」等等。「聽覺型」的人，則可能傾向對物件或人物「取名字」，並藉由再次呼喚名字的過程，加深對其印象。

透過原型試做打造出具體物件後，可以根據VAK的觀點，試著描述看看它。如此一來，應該就能發現自己是偏向「哪一型」的人。

我在研究這些模式當中，產生了一個假說。當我們在創

能夠在 2 種模式之間隨意切換相當重要

L 模式（語言腦）	R 模式（圖像腦）
象徵	視覺、體感
理性	直覺
分類	統合
區分	包容
客觀的	情緒的
線性思考	圖像認知
男性的	女性的
部分	整體
黑白	彩色
數位	線性

圖 0-5：「L 模式」與「R 模式」的特徵

造新事物的過程中，特別容易從體感模式開始，譬如「我對這個環節感到渾身不對勁」，接著將自己的想法化成具體圖像（視覺模式），最後再賦予名稱（聽覺模式）。實際上，幼兒學習新語言的流程也是如此。

我們雖然不需要讓全身的感覺都很敏銳，但活在一個語言和邏輯為主的世界中，若能活用VAK模式，開啟全身的各種感覺，或許就更有機會突破僵局、創造新的契機。

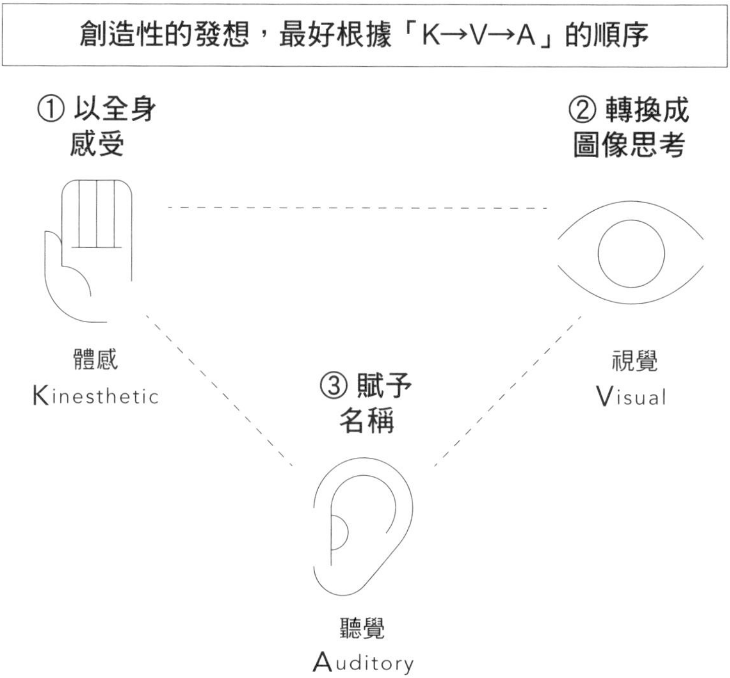

圖 0-6：使用 VAK 模式，最好依照「K→V→A」的順序

設計思考的本質③ 大家一起解決生活者的問題

設計思考的第3個重點，就是「以人為本的共創過程」。

過去一般認為，思考在某種意義上是孤獨的作業。但是，從原型試做開始的設計思考，卻具有「第三者也能看見」的優點。

舉例來說，某個人把他雜亂的筆記，或是未經整理的重點條列拿給我們看，我們應該很難弄懂對方在想什麼。但如果眼前有他試做的原型（例如：正在被捏塑的黏土），我們就能產生對話的「空間」。

如果我們指著幼兒製作的黏土模型問他「這是大象嗎？」他可能會回答「這是消防車喔」。於是我們就可以給他別的建議，譬如「要不要在這裡裝上輪胎看看呢？」

這個道理，搬到職場上也一樣適用。如果企畫者在呈現關於「次世代智慧型手機」的投影片資料之前，先提供他想像中的手機原型，會發生什麼事呢？原型不管使用什麼樣的媒材製作都無所謂，例如用繪圖板畫出的圖型，或是樂高積木的堆疊成品都好，甚至是辦公室中常用到的方塊便條紙也行。有了原型，人與人就能夠根據某項具體物件展開討論，能避免溝通不良的情況。

此外，與VAK模式不同的團隊成員邊看著原型邊進行溝通，會很容易發現自己想法的漏洞。請大家想像一下這樣的狀況：如果製作原型的人屬於「視覺型」，他可能會從「聽覺型」的成員聽到這樣的回饋：「這個遙控器按鈕太多了，喀噠喀噠聽起來很吵」；或是從「體感型」的成員得到這樣的回饋：「這個熱水壺的外型能不能給人更溫暖的感覺？」因此，設計思考在解決整個團隊或組織的共通問題時，會成為非常好的切入點。

設計思考之所以能夠在各個業界推廣開來，就是因為這是個通用性很高的「共創型問題」解決法。藉由對生活者的調查（對設計的服務對象進行調查），就能打造出創作時的「共通語言」。舉例來說，室內裝潢設計師能夠先讓客戶過目室內裝潢的預覽圖，與客戶對話溝通，有了共識之後再實行，藉此解決設計師與客戶之間的「共創型問題」。社群網站與雲端工具在近10年來普及後，更是發展出各種共同協作的環境。將完成的原型分享到網路上就能獲得即時回應，並可再根據回應修改。這樣的循環在未來想必能夠愈來愈普及，因此設計思考可說是更適合現代的發想方式(6)。

從「實用性」解放的「人生藝術山脈」

雖然愈來愈多人能在「設計平原」找到活路，但這裡真的是值得永遠待下去的樂園嗎？卻也未必。

無論從「原型試做」、「左右腦並用思考」還是「共創」中擷取任何要素，都能清楚看出：設計思考與美感之間並沒有直接的關係。設計思考只不過是讓所有人都能發揮創造性的應用方法。這片大地表面上是視野良好的開闊平原，在這裡人人平等。

這塊土地上當然也有「原住民」。他們是原本就具備設計與美術相關素養的設計師與創意工作者。他們在大地的一角建造了一座金碧輝煌的高塔，這座塔似乎只允許部分的人進入。換句話說，他們拒絕缺乏品味的人。你是否有認識這樣的人呢？他們可能是藝術大學畢業，可能是品味高端的設計師。而來自「策略荒野」的人當中，有些人原本就對創意工作有興趣，有些人擁有打造具體商品或服務的實績與經驗，他們能與住在高塔上的藝術家，合作產出一項又一項的成果。

然而，在這樣的合作關係中，獲得成功的人只有極少數，多數人可能參觀完「平原」之後，就面有難色地從「橋」上撤退回策略荒野了。這些在策略荒野待太久的人，一直以來過度依賴語言或理論來思考，對自己的創造性缺乏自信，在面對設計平原的「原住民」時，多少有點自卑。

而且問題不只如此。如同前述，設計思考在解決人們共通的問題時，能發揮相當明確的效果。由於設計思考利用原型試做與左右腦並用切入法，並融合多人的集體智慧（共創），所以很快就能找到每個人都能接受的「答案」。

然而反過來看，製作者的個性與世界觀的表現也受到限制。說明白一點，以室內裝潢設計師的例子來說，設計師並沒有辦法完成個人的藝術，而是必須配合顧客的意見進行設計製作。採取「大家一起製作」的方式，一定會比「獨自製作」時還要缺乏「自己的特色」。貫徹執行設計思考，難免又會回到本書一開始提及的「他人模式」。到最後，設計師可能會習慣不停解決顧客的問題，而逐漸喪失了自己的創意。

如果一味地熱衷於解決他人的問題，就會漸漸看不見「雖然對別人沒有幫助，對自己卻很重要的事情」。當我們一直沉浸在幫助別人的喜悅中，「自我」也會在不知不覺間逐漸消失。

於是，迷惘的我們，終於來到第4個世界：「人生藝術山脈」。

那是被險峻群山包圍的山區。大地上有著幾乎數不清的山，每個人都往山上追求自己的願景。他們爬的是山野小徑，可能走著走著中途就沒路了，或是地形會突然變得極端陡峭。

大家都是在獨自爬著山，但不知道為什麼，每個人都看起來都很開心，帶著生氣蓬勃的表情，堅定朝山頂爬去。這些人發現了看起來根本不可能登頂的巍峨高峰（願景），決定放手挑戰。這些人可能是創業家、經營者、自由工作者、藝術家、運動員、研究者、宗教家或政治家。有時候也會看到認同他們的追隨者，打算往同一座山頂邁進。這些登山者的共通點是：不在意「別人的眼光」。他們邊欣賞周圍的風景，邊埋首於「自我模式」的思考，心無旁騖地朝著眼前的道路，踩下一步又一步踏實的步伐。

我們追求的，不就是這樣的景致嗎？

丹尼爾・品克的著作讓

圖 0-7：第 4 個世界「人生藝術山脈」

我學會掌握設計思考的模式，而他在另一本著作《動機，單純的力量》（大塊，2010）中也強調：未來的社會，將逐漸變成重視每個人的「內在動機」的時代。

正念療法與冥想流行，展現出類似的時代意義。正因為現在是容易受網路影響，把注意力朝向「外在」的時代，因此只有將注意力拉回「此時此刻」的自己，人們才能感受到真正的意義。

不光是人如此，企業也是一樣。經營學家入山章榮（早稻田大學商學院副教授）表示，在現代這種具有高度不確定性的市場環境中，搞清楚「公司真正想做什麼」將變得非常必要。

不論是分析或邏輯，都無法產生這種長期導向（Long Term Orientation）的願景，所以最終，企業只能訴諸感性與直覺來打造企業願景。研究顯示，有企業願景的家族企業，長期表現最佳。

4種思考循環的差異

到此為止，我們已經透過圖像比喻方式介紹了4種思考方式。接下來請再次看回第23頁的插圖。我們將視點往上空移動，從正上方重新眺望這整個世界。

我們在左頁可以看到，4種思考法分別佔據由兩條軸線分割而成的4個象限。首先縱軸是「創造性」。「效率思考」以一定的KPI為前提，並以提高KPI為目的。「策略思考」則企圖擴大市佔率，獲取更多的利益。換句話說，「在現有標準的範圍內提升表現」是兩者的共通點。

如果說得更明確一點，這兩者都是以理性為優先的「1→∞」的世界。相較之下，「設計平原」與「人生藝術山脈」則以感性為優先，目標是由「0」創造出「1」。

接著注意到橫軸。橫軸代表「動機」的差異。激發「效率思考」與「設計思考」的是外在的問題或課題（issue）。PDCA的過程中如果發生了什麼問題，就需要查核（check）與改善（action），至於設計思考，則是共創型的問題解決架構。

另一方面，支配「策略荒野」的則是更內在的動機。理性思考、擬定策略，都以爭奪地盤、在市場上獲得勝利為動力。換句話說，在這裡驅動思考的是「想贏」、「想賺錢」的單純願望。

相較之下，在「人生藝術山脈」驅動的個人慾望則更加繁多。這裡的人所追求的，不一定只是社經地位的成功。無論是持續創作感人樂曲的音樂家，還是發下豪語，宣稱「在2035年之前要讓人類移民

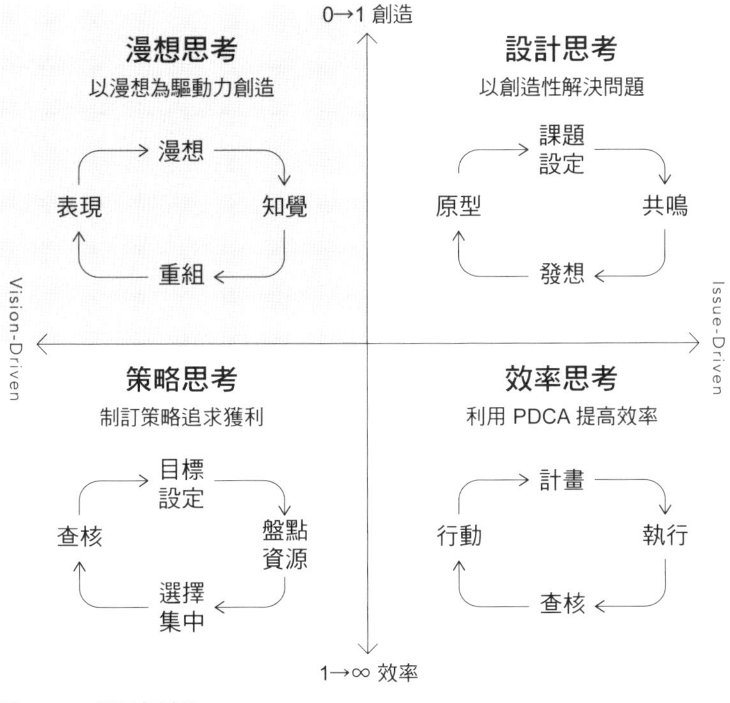

圖 0-8：4 種思考循環

火星」的伊隆・馬斯克，他們的驅動力，想必都不只是對金錢與社會地位的渴求，還是更宏大的野望。

各位讀者也看清楚自己目前的所在位置了嗎？我把這種從自我模式出發的創造性思考法稱為「漫想思考」。這也是「人生藝術山脈」的居民執行的思考法。但這個思考法的內涵究竟是什麼呢？

這片大地被群山包圍，很難看清全貌。再加上這片大地與「設計平原」之間，有一條名為「實用性急流」的河川流過。換句話說，如果我們受到「有沒有用的觀點」阻礙，就無法踏入這座山脈。「設計」因客戶的存在而得以發揮創造性，做出實際可用的東西。但也因為接收「來自別人的限制」，才會在不知不覺間迷失了「因想做而做」的觀點。

此外，在「人生藝術山脈」與「策略荒野」之間，也有一個名為「獨特性山谷」的大裂口。換句話說，缺乏獨特性的「荒野居民」很難跨越的鴻溝，進入每個人各自追求自己「願景」的山脈之間。

打造人生藝術山脈，讓自己充滿獨特性，這樣的人生精彩且充滿價值。但通往這裡的路途，卻遙遠而險峻。既然如此，難道我們只能放棄嗎？還是說，只有一小部分被選中的人，才能把個人的漫想化為現實，並以此為生？

就在快要放棄時，你不經意地低頭一看，會發現這4塊大地的中央，有一個大大的洞。這個洞似乎通往地底深處，雖然因為太暗而看不清裡面，但洞裡卻傳出聽

圖 0-9：4 個世界的全貌。通往山脈的路被封起來了嗎？

起來很開心的笑聲，好像裡頭有人在進行某種工作。「效率農場」、「策略荒野」、「設計平原」……這些大地上的人們，一直以來都不停為了快樂生活而努力，但洞裡的人，卻似乎過得比這些大地上看到的任何一個人都快樂。

洞裡到底有什麼呢？

NOTE

（1）VUCA原本是軍事術語，自2016年的達沃斯年會開始將其應用在一般情況，用來形容「科技化的商業環境，就好比在敵人全貌與戰場都不明確的情況下，對抗恐怖攻擊或游擊戰一樣，必須在狀況不明，也無法預測的情況下進行戰鬥」。

（2）我在寶僑時期學會了策略思考。以下這本書是統整其精髓的寶典，推薦給大家。▼音部大輔《為什麼「策略」會帶來差異——用策略思考強化行銷（暫譯）》

（3）這個部落格推薦給考慮進修與職涯發展的人。▼佐宗邦威「D. School 留學記——商業與設計的交叉點」[http://idllife.blogspot.com/]

（4）撰寫《商業人・設計腦》的目的，是為了讓沒有學過設計的人，學習設計思考的精髓。這本書被翻譯成中文、英文、韓文等4國語言。

（5）Papert, S., & Harel, I. (1991). "Situating Constructionism." *Constructionism*, 36(2), 1-11.

（6）「【入山章榮×林千晶】企業經營需要設計的理由」NewsPicks (2018/7/14) [https://newspicks.com/news/3170413/body/]

第 1 章

最符合人性的思考

Think Humanly

《維納斯的誕生》（波提切利）——文藝復興時期繪畫的代表作。文藝復興時期，人們試圖擺脫基督教形式主義支配的世界觀，並以「追求才華與理想，恢復自由的人性」為目標。也有一說認為維納斯是人性的象徵。

為了改變而「繞遠路」——過渡理論

我們生活的世界正面臨「巨大轉變」。如果受限於一直以來塑造我們的機制，因循這個機制的思考方式與生活方式，我們的「閉塞感」、「撞牆期」就不會消失。那麼，我們該如何提升我們的思考與生活方式呢？

根據過渡理論[1]，「人生的轉機有三個階段」，首先需要進入的是「①結束階段」。不知不覺出現的停滯感與倦怠感，就證明你必須結束目前的狀態，才能往前邁進。基於慣性持續的生活習慣、工作、人際關係等等，都必須確實做個了斷。只有結束，才能創造出接受新事物的「空間」。

接著，你就要進入「②歸零階段」。剛剛揮別了過去的狀態，你可能會暫時失去方向感並感到不安，此時的重點是安撫與平穩自己，切勿輕舉妄動。

經過「②歸零階段」後，最後來到了「③探索下一步的階段」。四處探索時，你應該會出現靈感，這份靈感能指引自己必須前進的方向。這時該做的，就只有積極行動。

以上，人們在經歷「轉機」時，多多少少都依循這樣的過程。

在過渡的過程中，每個人感受最明顯的莫過於「①結束階段」引發的異樣感。以前覺得愉快的工作和興趣，突然失去了吸引力，讓你再也感受不到樂趣。如果你有點感到「日常變成黑白了」，請將這件事視為自己必須轉變的信號。你的內心正在追求「下一個挑戰」，但你的大腦與理智卻沒有意識到這個重大訊息。

話雖如此，你也不能隨便轉換跑道。如果隨隨便便找一件新的事情做，不久一定會再度發生「日常變成黑白」的狀況。感到疲乏的時候，一定要讓自己知道，這是傾聽內心聲音的好時機。

我在年近三十歲時，曾因面臨到這樣的過渡期而陷入嚴重憂鬱，一整年都沒去上班。雖然那段時期相當辛苦，但這段經驗卻帶給我很大的養分。多虧了這段「留白」時期，我才有時間慢慢尋找自己真正想做的事情，投入漫想思考。如果沒有這段時期的挫折，我可能不會對「自己想做的事情」有這麼強烈的信心，甚至到最後還創立公司吧。

你有發現嗎？二十多歲時，大家在職場上齊頭並進，到了三十多歲時，社會上會冒出一些特別的人，他們在職場上大顯身手，還擁有自己獨特的世界觀。如果你與這些人喝酒談心，或許會聽到他們透露自己在更年輕時曾經歷過的嚴重挫折，但這挫折也成為他們現在成功的契機。

人在過渡時期，會暫時失去與許多人的接觸，但也在此時，才能第一次不受旁人影響，重新檢視自己的價值觀，以及對未來的願景。這就像是只有當黑暗降臨，人才終於能發現自己綻放的光芒。

當各位讀者經歷人生的低潮時，可以轉念一想：某種「繞遠路」的形式，可以幫助我們更快進入下一波人生巔峰。

掉進洞裡。一切都從這裡開始

請大家想想上一章提到的「洞」。4塊大地的正中央，有一個大大的洞。這個洞穴很深，裡頭伸手不見五指，也不知道會通往哪裡。雖然有點可怕，但如果你現在已經沒有任何事物可以失去，就請拿出勇氣，跳進洞裡試試看吧！

如你所見，掉進洞裡之後，你會看見全新的地底世界。這個世界的名字是「漫想工作室」。最先映

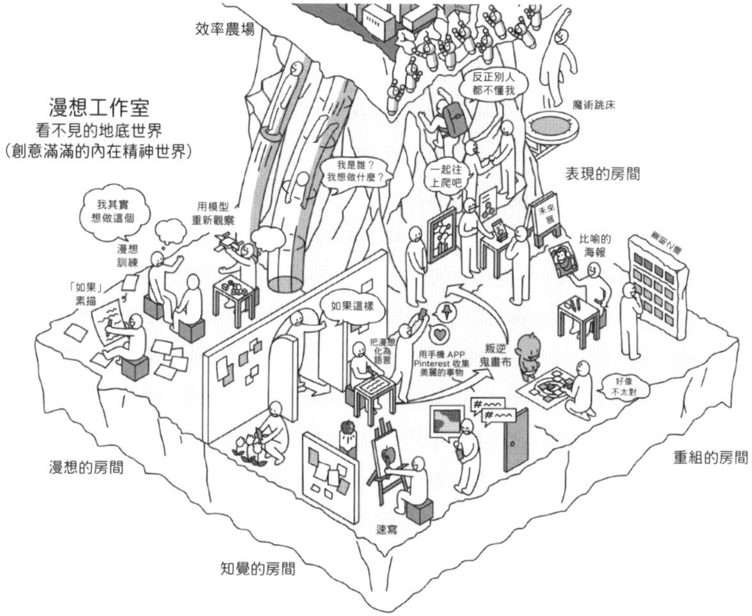

圖 1-1：在「4 個世界」底下展開的「漫想工作室」

入眼簾的是山腳。這座山突出於地表世界。沒錯，這裡就是「人生藝術山脈」的底層。要爬到人生藝術山脈的高峰，首先要從地表以下的地洞開始。這座山脈與「漫想工作室」相接，這裡的人們，看似接二連三地沿著險峻的山路往上爬。

除了學生與一般所謂的藝術家之外，幾乎沒有人在「漫想工作室」定居。這裡的人多數是來自的地表世界的「旅行者」和「多據點居住者」，他們為了深入了解自己的想法而往下來到這裡，並且在不久之後，多半會帶著豁然開朗的表情回到自己的領域。有些人搭乘通往「效率農場」、「策略荒野」、「設計平原」的電梯回到地表世界，有些人則直接上山，企圖從「人生藝術山脈」回到地表之上。

想要抵達山腳，需要通過前方的4個房間。這幾個房間分別是「漫想的房間」、「知覺的房間」、「重組的房間」、「表現的房間」。接下來將說明各個房間的特色。

第1工作室　漫想的房間

「漫想的房間」是這座地底工作室的第1個房間。這裡能讓我們的內在與潛意識，遇見我們「真正感興趣的事情」。不過，在這裡還不需要把想法化為任何明確的形式，只要停留在「點子」的階段就可以了。重點是要面對自己的慾望、喜歡的事情、覺得興奮的事情。

這種挖掘出漫想的作業看似愉快，但如果沒有「內省」的習慣，也會遭遇許多挫折。對於習慣扼殺自我，只為別人而活的人來說，這樣的

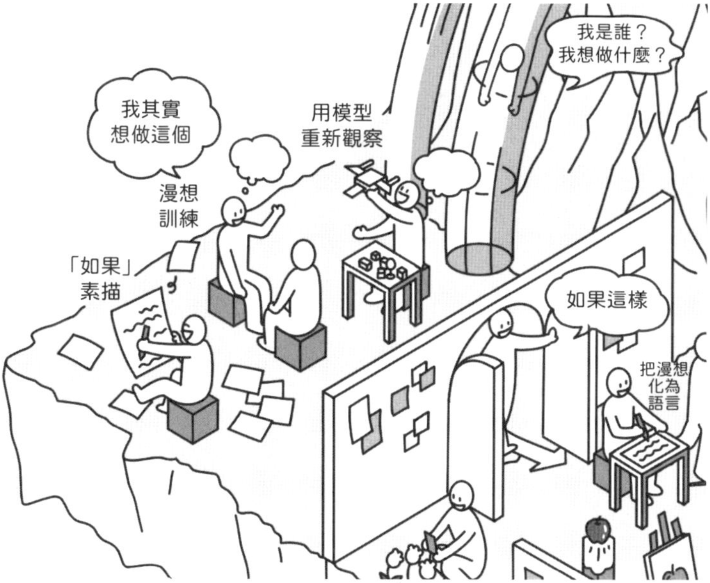

圖 1-2：第 1 工作室「漫想的房間」

過程可能會帶來不少痛苦。即使如此，在這裡，誠實面對自己「天馬行空的想法」，就是第一件該做的事情。讓點子成形的過程中，會一口氣釋放長期壓抑的能量，有些人會感到驚奇，也有人會突然淚流不止。這些成功的人，從中獲得了許多能量。有些人憑著這股氣勢尋找往上爬山的路，也有人搭乘電梯回到地面。

當漫想者對自己問出「如果這麼做了的話，會如何呢」，通往下一個房間的門就會開啟。換句話說，這句關鍵的「提問」，能夠像魔法一樣，為你打開通往新世界的大門。

第2工作室 知覺的房間

開門之後，我們來到第2個房間「知覺的房間」。這裡是提高漫想解析度，深度研究漫想概念的空間。

房間的牆上或板子上，貼出了無數的照片、詩句等材料，在這裡的人，就藉由觀察、動手，為自己靈光一現想到的漫想，拼貼出設計圖或世界觀。除此之外，這裡也準備了各式各樣刺激視覺、聽覺、身體感覺的工具。每個人都能活用這些工具獲得啟發，原本模糊的漫想的輪廓逐漸清晰，將未來充滿繽紛可能的構想，整理成一張畫或設計圖。

第3工作室　重組的房間

第3個房間是「重組的房間」。構想的解析度已經夠高，開始變得像正式的創意提案內容了。在這座工作室裡，

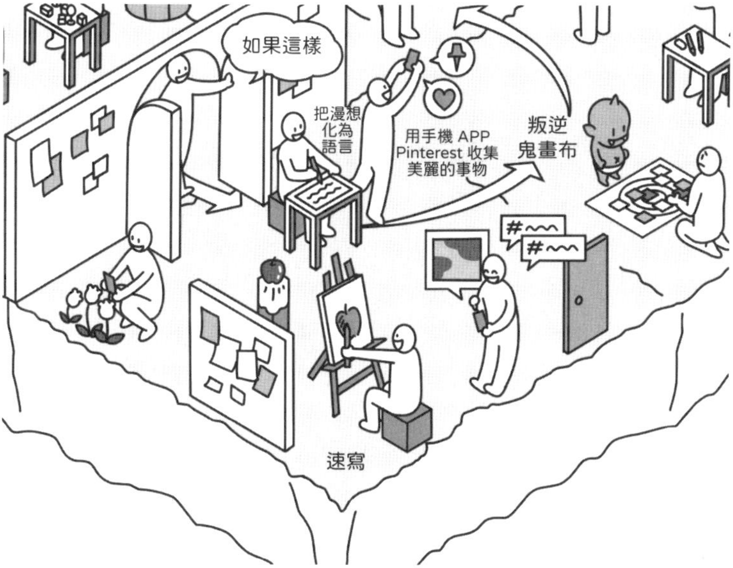

圖 1-3：第 2 工作室「知覺的房間」

人們將徹底打造出漫想的「獨特性／特色」。這個房間裡的人，全都站在他人的角度，從外部重新觀察這個原本只是主觀輸出，沒有考慮他人眼光的構想，並根據自己的世界觀，將其打磨成更加獨特的概念。這裡準備了各式各樣促進發想的「後設認知」的工具，譬如「叛逆鬼畫布」。在這裡，你可能會發現：綁住自己的常識與顧慮，其實沒有必要存在。你也可以在這裡將構想拆解成更細小的零件，再一次思考新的組合排列，並透過這樣的過程，提升漫想的高度。

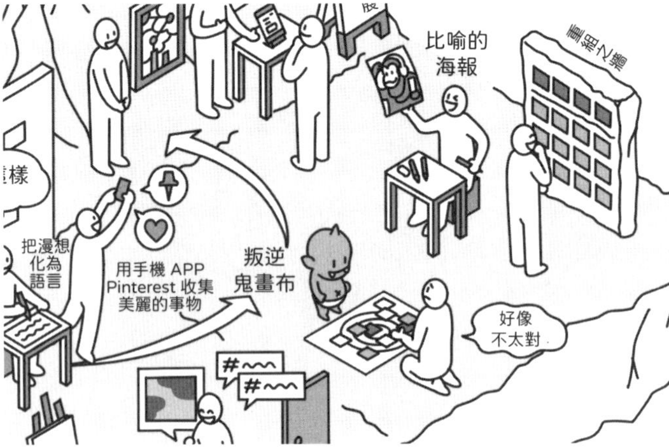

圖 1-4：第 3 工作室「重組的房間」

第4工作室 表現的房間

最後一個房間是「表現的房間」，在這個空間裡，你已經能夠將重組後的漫想，暫時做為具體的作品。雖說是作品，但也不需要像大型藝廊展示的作品那樣正式。把漫想化為簡單的原型就已經足夠。舉例來說，在這個階段，你可以在小規模團體中發表作品，接受各種批評指教，讓自己能夠從感想與回饋中獲得更高的動力，或是形成下一個漫想的種子(2)。

至於逐漸無法滿足於只在這個空間展示的人，有些會回到地表世界舉辦真正的正式展覽，獲得更真實、更多樣的回饋，或者也有人將其內容進化成真正的事業。

結束展示的人，可以再度回到「漫想的房間」，進入以漫想為起點的原型試做循環。這樣的過程一次又一次地重複，最後「表現的房間」後方，堆滿了各個居民的作品。這些作品堆得像山一樣高，這就是「人生藝術山脈」的真面目。MIT教授兼媒體實驗室副所長石井裕曾說：「優秀的人擁有『造山力』。」而這座山脈，就是人們的造山力創造出來的地層。

有人能夠催生出優秀的漫想，並以極快的速度將其具體化，這些人就被稱為「天才」。發明王特斯拉、蘋果創辦人賈伯斯等，都擁有驚人的造山力。他們造出了突出於地表世界的巨大山峰。至於漫想工作室裡的其他人，雖然造不出這麼壯觀的巨峰，卻也都各自造出了自己的小山，並且帶著滿足的表情，欣賞自己的成品。

圖 1-5：第 4 工作室「表現的房間」

大家或許會覺得，堆疊出一座通往地表世界的山，路途遙遠又單調。但埋首於把自己的「漫想」化為實體的過程，一定是充實且愉快的，而且或許有機會站上時代的浪尖上，一口氣飛躍到至高點。

每一位知名的創業家、科學家或藝術家，都曾有過無法獲得任何人理解，獨自默默前進的時期。某天，時代的巨浪席捲而來，一口氣就將他們推向山頭。所以在漫想工作室，你只需要盡力投入，享受從漫想到表現的過程！

人們喪失「自我思考」的4個原因

有些人能夠把自己的「漫想」落實在計畫、事業或藝術作品上（本書稱他們為「漫想家」）。地底世界的「漫想工作室」，就是根據他們在無意識間進行的思考方式（漫想思考）所建構出來的模型。我們試著從上方俯瞰這整個工作室吧。

下一頁的圖是漫想思考的基本循環。這個「工作室」的4個步驟，能夠分別解決我們漸漸無法用「自我模式」來思考的４個典型原因。

反過來說，如果你想要找回「自我模式的思考」，就只需要補滿這４個失落的環節。

①內在動機不足
——缺乏漫想（drive）

②輸入的範圍太侷限
——缺乏知覺（input）

③獨特性不足
——缺乏重組（jump）

④輸出不足
——缺乏表現（output）

以漫想為驅動力的思考，呈現這樣的循環

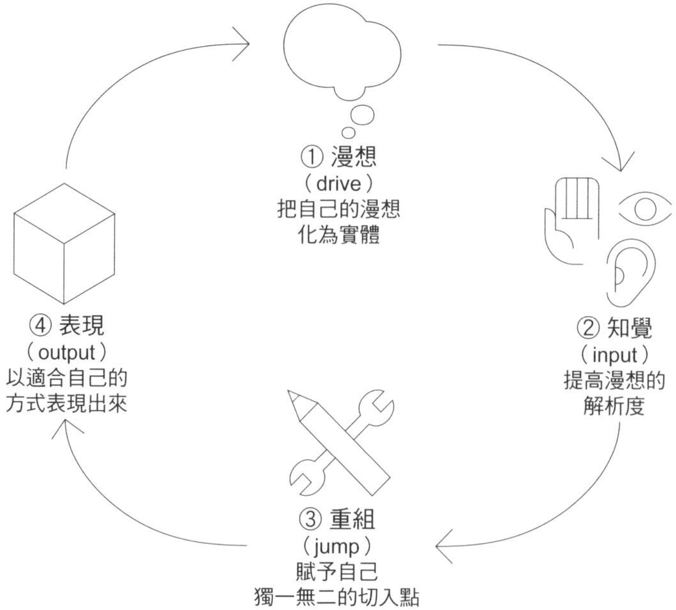

圖 1-6：漫想思考的四步驟循環

無法以自我模式思考的理由① 內在動機不足

我們每天的生活與工作都被「因為非做不可，所以只好去做」的事情佔據。反過來看，「因為想做而去做的事情」到底有多少呢？比例明顯不高。更進一步來說，或許也有人連什麼事情想做、什麼事情不想做、自己為什麼要做這件事都漸漸搞不清楚了吧。在這樣的情況下，根本不可能產生想要以「自我模式」思考的動力或內在動機。

無法以自我模式思考的理由② 輸入的範圍太侷限

活在這個時代，資訊的取得並不是難事。新聞網站的演算法也變得愈來愈精確，打造接收資訊的環境，什麼都不做就等著「想知道的資訊」進來，一點都不困難。然而，當你自己還不明白真正的你想做的事情是什麼（或許沒有契機，尚未接觸到你喜歡的領域），演算法不僅無法對你有益，甚至可能侷限你的領域與發展。經過演算法的過濾後送到你手上的，只不過是「現在徬徨的你可能有興趣的事情」。接觸太多「演算法為你量身打造的資訊」，你的想法可能會愈來愈像「某個不是你的人」。

無法以自我模式思考的理由③ 缺乏獨特性

在社群網站的世界裡，可以透過按讚之類的功能，看見別人的評價，因此人們難免會以「能獲得他人讚賞」的方向去編輯美化自己的貼文。觀察新聞網站底下的留言，就能發現許多留言缺乏內涵與獨特性。基於貼文隨手就能分享轉發的特性，許多人看到新聞的第一時間反應可能是隨手轉發親朋好友，卻也因此喪失了獨立思考的機會。

無法以自我模式思考的理由④ 缺乏輸出

這應該是最多人遇到的問題。現代人要接收多少資訊都不難，除了新聞網站和社群網站之外，也可以讀書、學才藝、參加研習會或講座。但透過這些管道學到的內容，卻沒有輸出到外部的機會，所以永遠產生不了「自己獨一無二的觀點」。現代人欠缺把學到的事情告訴別人，或展示、發表的場合。

培養漫想思考的2個條件

雖然解決問題是職場的基本，但只會解決問題，是絕對不夠的。長此以往，組織會逐漸發生群體創意枯竭的現象，個人則會開始產生無以名狀的煩躁感與停滯感（或有人會感受自己陷入「瓶頸」或「撞牆期」）。而擁有自我特色的人或企業，不管自己有沒有意識到，都一定會來到這個「漫想工作室」，將思考切換成「自我模式」。

我絕對不是呼籲大家成為「工作室」的居民。因為這個工作室是遠離「實用性」、「性價比」、「問題解決法」的世界，所以如果沒有特別的天賦，一直待在這裡應該很難活下去。你應該追求的，是穿梭自如的技巧，能夠隨時來到這個地底世界，從自己獨特的漫想中汲取能量後，再回到地表的現實當中。

這種技巧乍聽之下好像很難，但每個人在小的時候或許都做過白日夢，感受因想像力而有趣的世界。那時的你能夠「自發性地漫想」，在漫想世界與實用世界這兩個世界之間穿梭，完全不需要任何特別的能力或技術。只不過，多數的現代人已經遺忘了這樣的思考方式，所以才需要前述4個人為設計的步驟，有意識地將其應用到平常的思考當中。說得更明確一點，就是養成漫想思考的「習慣」。

「創造留白」成為一切的起點

這樣的「思考模式」，需要以下2個條件才能成為習慣。

① 漫想思考的「空間」
② 漫想思考的「方法」

養成漫想思考習慣的第一項條件是「空間」。要培養出漫想習慣，就要為漫想思考創造出人為的「留白」，這點比什麼都重要。

留白的意思，不僅是指空白的筆記本這種「空間上的留白」，也代表騰出自己的時間這種「時間上的留白」。漫想、知覺、重組、表現，都需要一定的時間與空間上的餘裕。不過，這4個步驟，在功能方面各自有著微妙的不同。

① 漫想——內省
② 知覺——觸發
③ 重組——飛躍
④ 表現——展示

第3章之後的方法篇，也會一併說明如何創造這些「留白」。因為如果缺乏發揮的空間，就不可能把視覺化為思考的驅動力。

不過在這之前還有一個問題，那就是「這些留白必須親自打造」。這句話的意思是，所有的創造，都從留白的創造開始，或者也可以說，如果沒有創造留白，就無法誕生某些創意。

小朋友熟練運用的漫想思考，大人卻無法實踐，原因大部分就出在這裡。小朋友的生活時間裡有許多留白。所以只要在他們面前準備蠟筆與白色圖畫紙，他們就能自行發動漫想思考。

然而長大成人之後，時間的「空檔」一不留意就會完全消失。當然我們需要工作或陪伴家人，但除此之外，也有各式各樣的雜事會闖進來，譬如在社群網站上的互動、看 YouTube 影片或 NetFlix 影集、透過訊息軟體聯絡等等。在這樣的現代環境中，留白絕對不可能主動產生。

所以千萬不能「等有空再來試試看」，而是要自己先把留白騰出來。因此在本書開頭的故事中，我才會這樣建議朋友：「立刻去買空白筆記本（製造空間的留白）」、「立刻把寫筆記的時間記在行事曆上（製造時間的留白）」。

賈伯斯等知名創新者之所以有冥想的習慣，想必也是基於相同的理由吧。現今，在主管層級採用正念冥想法的企業不勝枚舉，甚至連 Google 都將其納入名為 SIY（Search Inside Yourself）的內部研習當中。

因為我們的工作時間充滿了「該做的事情」，所以創造「留白（什麼都不做的狀態）」的方法才有這麼高的價值。這些創新者透過經驗充分了解到，如果沒有留白，漫想思考就無法發揮作用。

不只個人在開創全新的未來時不可缺少「留白」，企業與組織也一樣。日本足球協會有一項名為ＪＹＤ計畫（Japan Youth Development）的足球推廣事業，我在 BIOTOPE 時，曾參與過這項事業的願景設定。我在那裡與30名志願者一起討論「透過足球產生社會價值的事業」，並且進行將討論內容畫成圖的願景設計。

我在參與過程中，實際感受到日本足球協會的每一位職員，都對「透過足球帶來社會貢獻」抱持極大的熱情。計畫結束之後，很多人回饋給我的感想都很正面，譬如：「我第一次在大家面前把自己真正想做的事情說得這麼清楚，這讓我非常開心」、「我覺得原本一盤散沙的部門都團結一心了」等等。

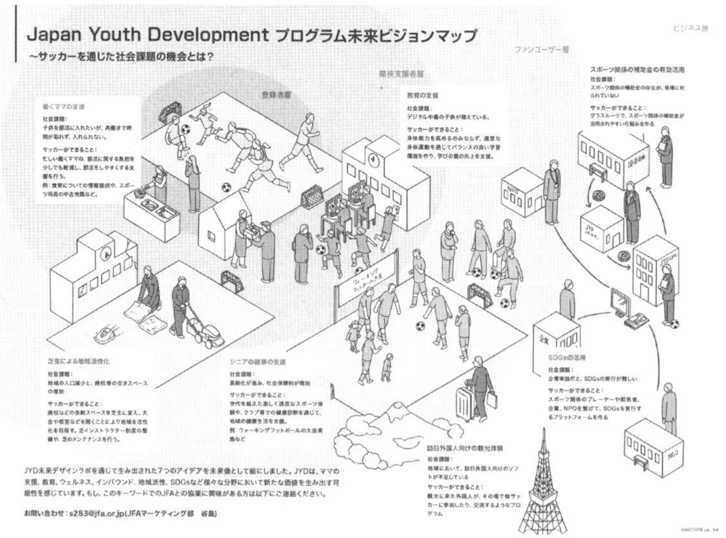

圖 1-7：JYD 計畫創作的「願景設計」

在多數的公司裡，原本就不會準備「讓員工描繪願景」的空間，所以無法產生新的願景也是理所當然。但是日本足球協會，藉由準備了願景設計計畫這塊「畫布」，讓原本深藏在個人心中的願景，能夠以具體的形式表現出來，每位成員的「漫想」也因此具體化。最後只要把這些想法整合成「圖像」或「故事」傳播出去，就能與認同這個願景的夥伴企業一起推動合作。這不是一件很棒的事嗎？

你的職場上，有開創願景的「留白」嗎？企業是否有為你準備讓你的願景實體化的「畫布」呢？如果完全沒有，你應該首先從自己出發，為自己「創造留白」。

現代人其實更容易培育「右腦」

培養漫想思考習慣的第二項條件，就是要把漫想思考的技巧，整理成任何人都方便執行的「方法」。如果方法的效果受個人的資質或技術左右，那這個方法就很難持續執行。

而且重要的是，這些方法必須配置在一個循環裡。換句話說，就是把漫想思考的方法，設計成一個不會在某處中斷的「圓環」或「螺旋」（漫想↓知覺↓重組↓表現↓漫想）。從漫想開始的思考，不應該在化為原型之後就「結束」，而是要成為一個能夠進一步觸發新漫想的「循環」才是理想狀態。

而既然是「圓」，那麼就從哪個步驟開始都可以，在哪裡結束也都無所謂。正因為漫想思考呈現這種循環結構，才能讓人養成習慣、持續下去。

漫想思考具有在左腦模式與右腦模式之間穿梭的特徵。

有不少人對感性、靈感、創造性、創新性等領域覺得反感。很多人跟我說：「我不會畫畫」、「我的美術造詣簡直令人絕望」。但這些說不定都是人們對右腦能力的一種自卑與排斥反應。

我首先希望這些人可以想一想，這樣的自卑感本身有沒有可能是一種誤會？「不擅長畫畫或美勞」、「缺乏創意」等等，或許從一開始就是學校教育方式不足所產生的扭曲認知。再說，我們也沒有正式接受過磨練直覺的教育。

或許每個人在感性與直覺的相關能力上，都還有很大的成長空間。比起埋頭訓練邏輯推演能力，如果從現在開始大幅提升漫想的功力，或許能一下子提高不少勝算，在這個猛者輩出的世界脫穎而出。無論從個人成長策略的角度來看，還是從經營投資效率的觀點來看，在今後磨練以漫想為基礎的思考力，應該都很合理。

現在人們已經知道，人們使用大腦的「方式」，將會大幅改變腦內的神經網路與運作方式。這就稱為大腦的「可塑性」。愈常使用的肌肉愈發達，同理，大腦也會從活性化頻率較高的部位開始逐漸變得更靈敏。

使用手機對現代人而言已經成為家常便飯。現代人平常就很習慣透過手機畫面看照片和影片、處理社群網站上毫無脈絡的資訊。所以相較於大量資訊都以「文字」方式輸入的過去，現代人採取「右腦式」大腦使用法，常先以圖像的方式過濾資訊。其實，現代人要培育「右腦」，遠比以前更容易。

靠「頭腦」思考是不夠的。那麼靠「手」思考呢？

如果放眼未來，漫想思考的「方法」，對你而言應該會不只是CAN（做得到），而且還會逐漸變成SHOULD（必須做）吧。

人工智慧研究的權威，同時也身兼未來學家的雷・庫茲威爾（Ray Kurzweil），以提倡「科技奇點（singularity）」的概念而聞名。總結來說，下一個科技奇點，指的是人工智慧超越人腦的某個特定時間點。

庫茲威爾在著作《*The Singularity Is Near*（暫譯：奇點臨近）》中，比較了人腦與電腦的特徵。據他所說，人腦屬於類比迴路，處理速度遠比數位型的電腦迴路慢很多。但另一方面，人腦有一個顯著的特徵，那就是許多場所能夠同時觸發的「超並行處理」。多虧了這個最多能夠瞬間完成一百兆次計算的機制，讓人腦產生了「預期外的連結」。而這也就是靈感的真面目。

對創造性思考而言，前述透過眼睛看（visual）、用耳朵聽（auditory）、用身體感覺（kinesthetic）的VAK輸入／輸出之所以有效，也與我們的大腦具有超平行處理的特性有關。

如果只是安靜地坐著思考，就只會用到大腦的某一個區塊。若想要創造腦內各個部位同時觸發的狀態，就必須活動雙手與身體，從各個不同的感官輸入資訊。如此一來，人腦就會發揮電腦不可能實現的運作，組合出全新的想法。

實際上，人類的神經細胞不是均勻管理全身。下圖稱為「潘菲爾德小矮人（Penfield's Homunculus）」。腦神經外科醫師潘菲爾德（Wilder Penfield）調查了大腦與身體的對應關係，並畫成一種地圖。他根據這份

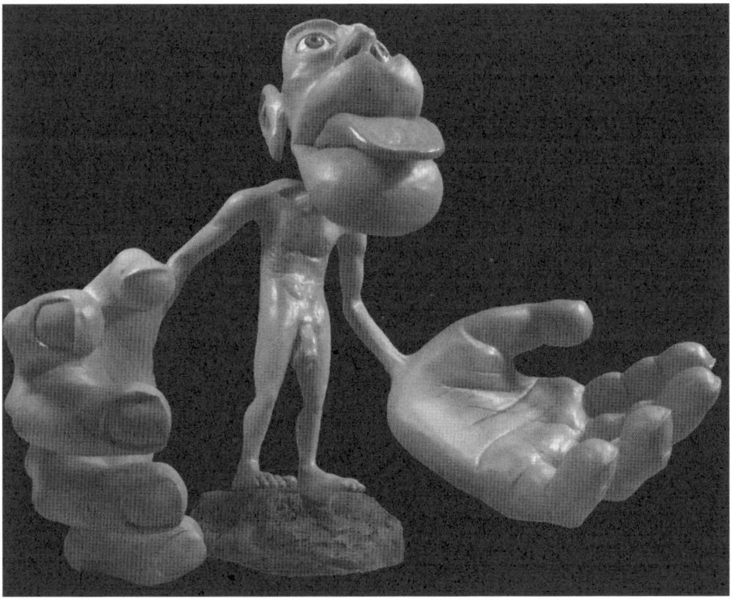

圖 1-8：潘菲爾德小矮人　（照片提供：©Mpj29）

地圖，把對應到較多大腦區塊的器官，表現得較大，做出了這個小矮人。透過這個小矮人可以清楚看出，人類的神經細胞幾乎集中在眼、手、口與其周邊。

我們不知道人工智慧在今後將以什麼樣的速度威脅人類。但如果有「機械做不到的思考」或「最符合人性的思考」，其關鍵就在於盡可能擴大腦內同時觸發的領域，所以還是需要均衡運用VAK的要素。而同時觸發大腦的思考方式，需要用眼睛看、用耳朵聽、動手與動口。如果你理解了這些背景，那麼第2章之後說明的漫想思考的「方法」，想必就會在今後成為你強大的助力。

* * *

我們在此處回顧一下迄今的內容吧。

一開始我們了解到，我們的思考容易被「他人模式」佔據。但世界上存在著展開「自我模式」思考的人與組織，而且這樣的自我模式，與單純「專斷獨行」不同。究竟是哪裡不同呢？

我在序章透過插圖表現我們常用的思考模式，分別在效率思考、策略思考、設計思考這3個世界旅行，最後終於得以窺見不屬於其中任何一個世界的「第4種思考法」的結構。這就是被稱為「漫想家」的人所實踐的，連結理性與直覺的思考法，也就是「漫想思考」。

在本書的第1章，我們看見這樣思考法有著什麼樣的「內涵」。我們在漫想工作室中，確認了漫想思考有漫想↓知覺↓重組↓表現4個步驟，如果想要持續實踐，則需要「空間」與「方法」。到此為止，我們終於正式理解了漫想世界的全貌。

接下來，終於要順著漫想↓知覺↓重組↓表現的順序，介紹各個步驟的具體「方法」了。這當中除了許多設計師與藝術家實際使用的方法之外，也包含了不少我自己開發的做法。如果各位能夠把這裡介紹的方法當作參考，培養出自己的習慣與方法，對筆者而言也是最欣慰的事情。

接著就讓我們立刻來看「漫想」的方法吧！如果想要催生出成為我們思考原動力的漫想，該如何創造出「留白」，又該如何養成「實踐」的習慣呢？

NOTE

（1）這是一本適合在人生迷惘時閱讀的名著，希望各位務必一讀。如果想要了解得更深入，也推薦以下的英文論文。▼威廉・布瑞奇（William Bridges）《轉變之書：結束，是重生的起點》（早安財經，2013）／▼Hunter, Jeremy.(2014). *The Scary, Winding Road Through Change*. Mindful, October 2014,70-77.

（2）誘發原型（provotype）是由「provocation（誘發）＋prototyping（原型）」結合而成的新單字，指的是以誘發周圍的意見為目的製作，表現新想法的最低限度原型。由於誘發原型在短時間內以有限的預算製作而成，所以不要求試做品的完成度。有時也會在思辨設計（speculative design，以概念質問這個世界的設計手法，在歐洲特別盛行）的製作過程中使用。

第 2 章

一切都從「漫想」開始

Drive Your Vision

《領導民眾的自由女神》（德拉克洛瓦）——浪漫主義繪畫的代表作。在法國大革命時代，以個人自由為主題，解放夢想與神秘性。勇敢的女性或許可說是「漫想」的具體化象徵。

真正有價值的事物只會從「天馬行空」中誕生

如果小朋友說「我的夢想是當太空人」，會被認為是個有夢想的孩子，但如果長到了一定的年齡還說這樣的夢話，別人很難不回應他：「都已經老大不小了，還說這什麼話呢。」年過五十的上班族，如果突然說「我以後要當電影導演，讓所有人大吃一驚！」周圍的人應該會紛紛皺起眉頭吧。或許還有人會在背地裡嘲笑他。但假使那個人換個說法：「這只是我的一個夢想：希望有一天能夠成為電影導演，讓所有人大吃一驚。」應該就能避開被嘲笑的狀況。

「夢想」這兩個字，在東亞國家的地位特別低。我在美國與歐洲各國遇到許多創業家、研究者或設計師，他們就算對著第一次見面的我，也能在聊天時大方說出自己不知道能否實現的點子，也就是一般所謂的夢想，或是願景（vision）。的確，vision 在英語當中，也有「幻覺、幻影」的意味，而衍生出來的 visionary 這個單字，在絕大多數的例句中，都用來形容「不可能實現的」或「做白日夢的人」等等。

但至少我在國外遇見的人，看起來都不會羞於把看似不可能實現的無厘頭想法說出口。不如說，他們像是看著其他人還沒看見的世界，並且將其與現實世界重疊在一起，彷彿已經戴上了MR（mixed reality：混和實境）眼鏡。

為什麼在亞洲地位低落的「夢想」，能夠在那些被稱為全球精英的人之間被如此重視呢？簡單來說，因為經驗告訴他們「真正有價值的事物，只會從夢想之中誕生」。所以他們甚至總是會故意養成習慣，去思考一些脫離現實的事情。

漫想與現實之間的「張力關係」對創造性而言不可或缺

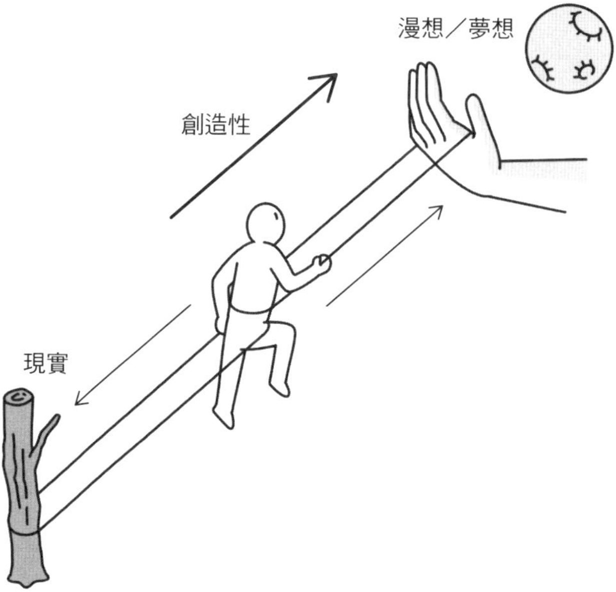

圖 2-1：什麼是「創意張力（Creative Tension）」？

想要理解這點，就不能不提ＭＩＴ的丹尼爾・金（Daniel Kim）教授所提倡的「創意張力（Creative Tension）」概念。人在發揮某種創造性時，必須意識到「想像與現實之間的落差」。個人基於自身的興趣將漫想變得明確，並且直接面對漫想與現狀之間的距離（落差），才能產生想要弭平這個落差的動力。除非創造出這樣的張力，否則人類無法切換成創意模式。

卡內基梅隆大學的行動經濟學家喬治・魯文斯坦（George Loewenstei）教授的理論(1)，也進一步為這個想法提供佐證。根據他的說法，人類必須感覺到「資訊落差」，才能產生好奇心與對資訊的探究心。換句話說，人類不是先有探究的慾望才開始收集資訊，而是先有「缺乏資訊」的認知，才會進而發動想要知道某件事情的好奇心。

根據他的想法，人類必須先把漫想變得明確，才能感覺到「資訊落差」。如果漫想停留在空想的狀態，資訊落差就不會產生，因此也就不會湧出想要往前進的動力。

「與去年度相比至上主義」——課題或願景

我一開始在寶僑工作時，學到所謂好的目標，應該要是「Stretch but Achievable（雖然並非不可能實現，但如果不咬牙努力就無法達成）」。人才開發的研究也認為，管理者在培育部下時，最好給他雖然沒有大幅超越他本人的能力，但多少需要「咬牙」才能完成的挑戰。

既然如此，不可能實現的漫想，不但沒有意義，甚至還會帶來壞處不是嗎？對一個人來說，「雖然需要咬牙但可能實現」與「誇張到無法實現」的目標，哪一種目標比較理想呢？

實際上，這並不是二選一的問題。根據那個人採取的思考驅動方式，選擇該設立的目標，才是最正確的答案。那麼，思考的方法又有哪些呢？

思考的方式大致可分為兩種。一種是想辦法去解決外顯課題的思考。這種思考法可以稱為課題驅動（issue-driven）。另一種則是本書想要探討的，主動創造還看不見的理想狀態，並從這個狀態與現狀之間的落差獲得思考驅動力的方法。這種方法稱為願景驅動（vision-driven）。

必須注意的是，能區別出課題驅動與願景驅動的，並非「想法是否具有創意」。兩者的差別在於，思考的起點究竟是「眼前的課題（issue）」還是「內在的願景（vision）」。

因此，設計思考本身雖然具有創造性，但終究只是為了解決問題而開發出來的方法論，就這層意義來看，還是應該納入課題驅動的範疇。

課題驅動的思考信條是「Commit Low, Achieve High（從小處著手，往大處發展）」。除了已經外顯的課題之外，也必須發現潛在的問題，並將問題逐步「消滅」，一點一滴確實前進。

我待過的寶僑，也是偏好這種漸進式成長的公司。在這樣環境下，比起發動大規模的模式轉換，解決眼前的小課題，在短期內累積小規模成長的人，更能獲得好評。把目標值與眼前現在值之間的落差（達成率）當成驅動力的方法，在現代商業界佔據絕對的主流。

「無法實現的目標」真的不合理嗎？

但課題驅動也有缺點。最大的缺點就是：除了「有機會達成的目標」之外，將不再去主動挑戰其他目標。如果過度倚賴課題驅動，就逐漸變得只會處理看得見解決方法的問題（這種問題就某種意義來說來說比較簡單）。這麼一來，從組織的角度來看，將會失去創新的基礎，從個人的角度來看，則會逐漸迷失工作的價值感以及對事物的創新見解。

此外還有另一個弊端：有了課題驅動設立的目標，就會失去「往前再走一步看看」的好奇心與動力。如果只想著要解決某個特定的問題，那麼這個問題一旦解決，想法就不可能再繼續往下發展。原本明明擁有更大的成長潛力，卻反過來為了達成目標，而扼殺了成長與創造的可能性。

另一方面，願景驅動設定的目標，在短期之內根本不可能達成，所以就不會發生這樣的狀況。關於這點，我們可以拿去年度的成績都是100的A與B為例來想想看。

屬於「課題驅動」的A，認為「如果解決這個問題，就可以再成長10，所以本季的目標就設為110吧」。屬於「願景驅動」的B，想的則是「實現這個漫想還需要900，該怎麼做才能把100變成1000呢？」

一年之後，A與B都達成了110的業績。從「達成率」的角度來看，A為100％，但B只留下了小小的成果。

但在這個時間點，全世界的願景驅動思考者，都不會覺得B失敗了。擁有遠大願景的B，反而更具備革新的潛力。甚至還有人預測，長期來看，B的表現應該會比A更好。

比起「成長10％」，不如考慮「成長10倍」——射月型思考法

甘迺迪總統在1961年發表的演說中，表明支持阿波羅計畫：「我要在今後的十年內把人類送上月球」。當時的人們都認為他說這番話有欠考量。因為美國在當時，無論是太空發展的技術還是投資金額，都大幅落後於蘇聯。然而神奇的事情發

生了。總統一將願景以明確的語言表達，美國的太空發展就進展神速，最後人類在1969年首度登陸月球。

因為甘迺迪總統的這段小插曲，這種將實現的可能性置之度外的漫想，又稱做「射月型思考法（moonshot）」。從射月型思考法獲得創意張力的方法，已經擁有相當悠久的歷史。

織田信長曾經不過是區區一個尾張大名，然而他高舉著旁人眼中有勇無謀的「天下布武」大旗，差一點就真的取得天下，這也是射月型思考法的絕佳例子。

解放漫想、勾勒出大型目標的射月型思考力就是漫想思考，現在人們正逐漸對這樣的思考價值重新評估。哈佛大學也教導商學院的學生「要專注在真正有可能改變世界的Big Idea」。

庫茲威爾創辦的「奇點大學」有一堂執行課程（executive program），我以前在那裡聽講時，最先學到的就是「與其拘泥於10％的改善，不如考慮10倍成長」。學校同時提供了MTP（Massive Transformative Purpose：有野心的改革目標）方案供學生使用參考。

想必有很多人會覺得：「10倍？這怎麼可能？」

各位或許會覺得意外，奇點大學之所以會建議「10倍」，是因為「這樣比較簡單」。這是為什麼呢？

維持10％的成長需要「努力」。雖然應該很少人會單純地認為只要增加10％的加班時間即可，但確實會「加把勁」去追求提高10％的生產性，或增加10％的市佔率等等。

但另一方面，大家都知道光靠這樣的努力，不可能達到10倍成長，只能去思考其他截然不同的做法。如果有一個異想天開的遠大目標，就只能透過個人創造力與內在動機去達成，以此為目標，反而容易讓自己從努力的詛咒中解放。由於不會再想要單靠努力達成，反而會不擇手段地思考各種資源或靈活應變的方式。這就是為什麼「10倍比10％簡單（輕鬆）」。

此外，射月型思考法還有其他優點。SONY電腦科學實驗室的社長兼所長北野宏明，曾設定了「我要在2050年之前，靠著完全自律型的人形機器人，打敗世界盃足球賽的優勝隊伍」這個遠大的目標。他曾如此描述射月型思考法：

「（射月型思考法）真正的目標是在實踐設定目標的過程中，創造各式各樣的技術，並將這些技術倍回饋給社會，為世界帶來改變。這就是射月型思考法的另一個驚人效果(2)。」

如今，有愈來愈多經營者將這樣的想法應用在經營之上。最近，ZOZO社長前澤友作曾因為「在2023年與藝術家一起登上月球」這項名符其實的射月計畫（用他的話來說就是「夢想」）而受到日本全國矚目。

此外，我也想介紹另一個射月型思考法的代表：日本第一家太空產業新創公司「ALE」。他們提出了一項野心十足的計畫：「在2020年把人造流星發展成娛樂事業」。

這家公司也獲得了BIOTOPE的支援。他們利用人造衛星發射太空垃圾（人造粒子），製造出人造流星，並透過這項名為「Sky Canvas」的事業，開拓了宇宙娛樂的新領域。光是這項事業就已經十分具有前瞻性，而該公司的CEO岡島禮奈透過與全體員工一起參加的工作坊，想出了「連結科學與社會，把宇宙變成文化圈」這個壯闊的射月目標。她表示「我想在人類能夠前往月球的時代，把宇宙變成『創造新文化的場所』」。

請大家想像一下，開始居住在宇宙中的人類，會過著什麼樣的生活呢？他們過的一定是與地球上截然不同的獨特人生吧。他們或許會在永續的能源、糧食系統中，創造出全新的娛樂方式。

這雖然是個連能不能實現都不知道的遠大目標，但明確提出想要打造的未來願景，加速科學技術的進化，才是她的目的。事實上，這樣的願景似乎也帶來了正面影響。看到相同未來的人，對她的目標產生共鳴，她不只聚集了優秀的人才，也獲得了商業夥伴的協助與投資者的支援。

只不過，現有的大型公司如果想在經營實務中引進這樣的思維，也必須從根本重新檢視人事評等與人才管理辦法。

新型的人力資源管理（HRM）的脈絡中已經誕生了新的趨勢，首要目標不再是為了「管理人員」，而是「挖掘出人才的動力與創造性」。

把重點擺在連結「公司目標」與「個人目標」的OKR（Objectives and Key Results）[3]制度，因為獲得Google與Intel等公司採用而備受矚目，這或許可說是高度適合願景驅動發想的目標管理法。

願景驅動化組織管理

問題解決導向的做法遇到瓶頸，帶來了從「課題驅動」到「願景驅動」的典範轉移。

我還在SONY任職的期間，公司有一個特別層級的專案小組，負責打造「以顧客為起點的商品開發流程」。由貼近顧客需求的第一線員工收集他們的觀察，設定商品概念，接著根據這個概念進行使用者測試，並交由高層決策，而後第一線再根據這樣的方針製作商品。只要打造出這一連串的流程，就能開發出一個又一個符合顧客需求的熱門商品。

但以近年的結果來說，這樣的方式似乎已經運作得不太順利了。就算優秀的高層根據資料做出開發的決策，市場的需求也瞬息萬變。如果時機不對，商品就不一定會暢銷。

至於在海外，新的商品概念接連出現在 Kickstarter 之類的募資平台，已經漸漸變得理所當然。在這樣的速度感當中，SONY的新商品可能在等待公司給出許可時，就已經變得落伍了。

課題驅動型思考遇到瓶頸的情況，不只出現在商品開發的現場。管理階級邊收集資訊、設定目標、擬定策略，邊佈局人力、資源、資金的模式，運作得愈來愈不順利。

從工業革命延續至今的金字塔型企業組織，源自於被譽為「科學管理法之父」的管理學家腓德烈・泰勒（Frederick Taylor）的「經營管理」概念。泰勒重視的是設定生產目標，以及該怎麼做才能讓每個人都能達成這個目標。這可以說是「效率農場」的典型操作系統。而要讓這個系統更加擴張，就成了「策略荒野」展開的契機。換句話說，也就是高層首先該匯集第一線的資訊，再做出最適當的決策，開始進行策略思考。

但如果把上述這點當成前提，那麼就需要完成「匯集資訊」→「形成共識」→「做出決策」→「傳達」→「投入資源」→「第一線執行」等好幾個中間步驟。但這樣的管理模式，實在已經跟不上時代變化的速度！

舉例來說，市場的需求在收集資訊到商品發表之間就變質，這樣的狀況絕不少見。「經營管理」這種思維已經逐漸無法成立。

倫敦商學院的管理學家蓋瑞・哈默爾（Gary Hamel）表示，受到這樣的發展影響，今後企業經營階級的課題，將會是「創新管理」(4)。換句話說，去除傳統階級型組織的缺點，轉型為「個人」自動自發擬定策略、做出決策的分散型組織，將成為企業高層必須認真考慮的事情。

如果這樣的轉移進一步推動下去，未來就連「社長提出唯一的明確願景，所有員工都朝著達成這個願景而努力」這種由上而下的願景經營，都將逐漸不符合時代的需求。

未來的理想組織，應該是經營者只提出極為寬鬆的不變使命，讓聚集到這裡的個人與夥伴企業，在維護使命價值觀的範圍內，自由自在地實現各自願景（漫想）的「青色組織（teal organization）」(5)。

除去不必要的階級性，打造一個讓個人能在水平的情況下，創造價值的「場域」，這種自律分散型組織，才會成為21世紀的商場勝利者。

我的SONY時代雖然有

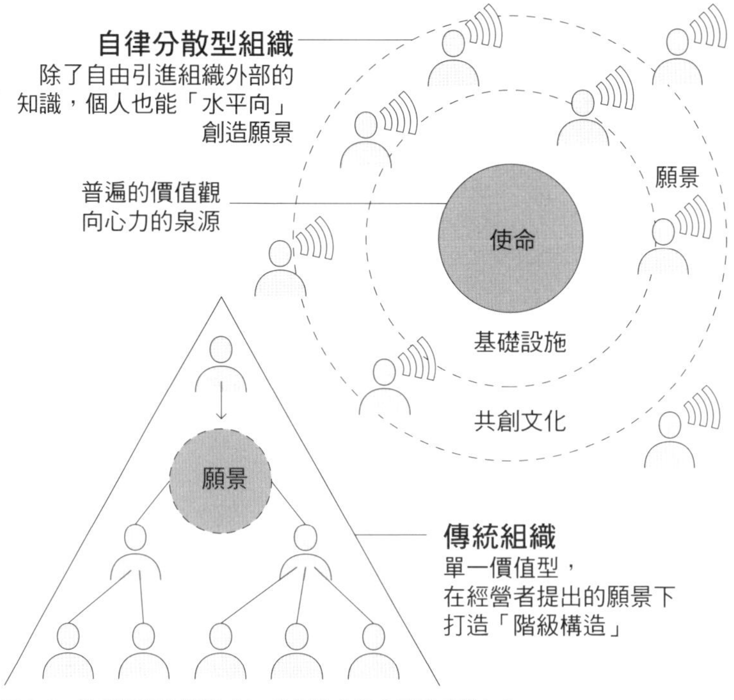

圖 2-2：什麼是青色組織（21 世紀的自律分散型組織）？

著「從顧客觀點導入商品開發流程」的失敗經驗，但該公司在這樣的失敗背後也有著「地下研究」的文化。

當時我的前輩，甚至會給我這樣的建議：「真正想做的重要計畫，就自己在檯面下偷偷進行吧！」「直屬上司說不定不懂這個計畫的好，等盛田先生（盛田昭夫，名譽董事長）來的時候直接給他看吧！」

創業者井深大曾提出「自由自在打造愉快的理想工廠」這樣的概念。SONY原本就具備某種「青色的組織文化」。

我還在SONY的時候，有幸參與由下而上復興「理想工廠」的全公司層級計畫「Sony Seed Acceleration Program」(6)的創立。

這個計畫的背後，有著企圖重現「分散型組織的創新管理」的設計思想。比起每個環節都要插手的細緻流程管理，重視員工自律性的計畫，更能夠長期持續，最後也更能順利發展。謹在此補充SONY具有這樣的本質與以及相應的行動。

＊　＊　＊

到此為止，我們主要從商業環境變化的角度，與各位探討「為什麼人需要漫想」。

那麼，如果想要「催生出」為我們的思考帶來驅動力的願景，該怎麼做呢？天生就能啟動漫想力的人可能不多，我們稱之為天才（或者「狂熱分子」）。再加上現代社會充斥著龐大的資訊，很容易「因為太過眩目，而逐漸看不見重要的東西」（引述自米蘭理工大學的教授伯托・維甘提，Roberto Verganti）。

對99％的凡人而言，透過人為方式打造催生漫想的習慣是最快的捷徑。接下來我就要告訴各位催生漫想的具體做法。

秘訣：「紙×手寫」是基本

很多人在聽到催生漫想的「留白」與「畫布」時，都會聯想到「筆記本」吧？「買新筆記本」的行為，就任何人都能立刻辦到的意義來看，確實是最簡單的「留白設計」。雖然已經用過的記事本也能使用，但最好是完全還沒寫上「他人模式思考」的空白狀態。如果筆記本的設計，能在隨身攜帶時，或是翻開來的瞬間，勾起雀躍的心情更好。所以就這點來看，購買全新筆記本最省事。

這時候也常有人會問，「手機、電腦或平板不行嗎？」譬如打開 Evernote App，點選「+」按鈕，或是打開 Microsoft Word，就會出現什麼都沒有的空白畫面。

對於平常就習慣使用這些軟體來記下簡單的備忘或製作工作文件的人而言，應該會覺得特地在紙本筆記本上用手寫非常沒有效率，而且很麻煩。我自己也非常喜歡新科技與這些小玩意，非常清楚這些工具的便利性，所以也很懂這些人的心情。

但是就創造「留白」的角度來想，目前還不存在勝過物理性「紙本筆記本」的數位工具。

紙本筆記本的好處是可以「手寫」。就如同前面提過的，漫想思考橫跨右腦模式與左腦模式，除了畫圖之外，我們的腦在動手書寫文字時，也會切換成右腦模式。使用的大腦區塊，與以左腦為主的打字或滑動輸入完全相反。

不過，最近推出了完成度相當高的手寫輸入板，因此就「手寫」這點而言，數位工具或許不會比紙本差。

但另一方面，使用數位工具也有困擾，那就是面對著螢幕時，難免會受到「他人模式」干擾。朋友或許會突然傳來ＬＩＮＥ訊息；看到 Twitter 或 Facebook 的推播通知，也很難不去在意。當電腦桌面上列出的工作相關檔案圖示映入眼簾時，就會想到「對了，必須製作明天的簡報資料」，最後我們又會馬上被拉回他人模式。如果看到遊戲ＡＰＰ的圖示，我們也很快就會用遊戲時間填滿「留白」。相較之下，看著純白沒有格線的筆記本，就不太容易被這些事情打擾。

此外，數位裝置的留白，也有「很難被注意到」的缺點。如果不經過「拿起手機↓解鎖↓開啟ＡＰＰ↓點選開新檔案的按鈕」幾個步驟，就無法到達留白。

反之，若是使用紙本筆記本，一翻開來「留白」就在眼前待命。筆記本這個物理上的實體，提醒了我們「留白」的存在。所以留白設計的第一原則就是「紙本優先」(7)。

秘訣：練習「情緒表達」——晨間自由書寫

接下來要注意到，「他人模式的工具」與「自我模式的工具」必須清楚分開。譬如在工作上使用 Evernote 的人，就算下定決心，想必也很難順利地在 Evernote 上寫私人日記。同樣的道理，用紙本記事本管理工作行事曆的人，就算想在這本記事本上寫日記，恐怕也難以持續。如果想要遠離「他人模式」的侵犯，最好也把工具分清楚。所以購買全新筆記本，還是最快的捷徑。

買了筆記本之後，希望各位先試試我在前言也提過的自由書寫法。在這裡列出幾個重點。

□每天在固定的時間書寫。雖然我比較推薦在每天早上工作前（稱為晨間自由書寫），但只要是容易持續的時段，什麼時段都無所謂。

□不給別人看是最重要的前提。所以不要寫在別人會看到的部落格或社群網站，最好寫在方便攜帶的小尺寸筆記本。

□每天寫固定的頁數。如果決定「每天寫2頁」，就要盡量遵守。

□用喜歡的筆手寫。手寫能夠提高專注力，整理情緒的效果也值得期待。尤其推薦給平常整天對著鍵盤的人（「抄經」就是現在流行的右腦活用正念活動）。

□至少持續一個月。要是能夠持續一個月左右，就能體驗到相當確實的效果。

如果自由書寫的目的是催生漫想，那麼比起「過去發生的事情」，我更希望你寫出「當下的感受」。因為焦點不是客觀的事實，而是主觀的感覺與情緒。而且寫出來的內容不會拿給家人或朋友看，也不會發表到網路上，所以無論顯得多麼可笑、自命不凡或令人難為情都無所謂。

最容易著手的是「情緒自由書寫」。把自己覺得討厭的事、開心的事、非常在意的事等等，都原原本本寫下來。又或者是明明很難過卻忍下來的事、其實很後悔的事、藏在心底的批評或忌妒等，即使出現這些負面情緒也不需要壓抑。不過，如果自由書寫的最後，都能以正面的情緒收尾，就能提高每天的充實感。

完全染上「他人模式」的人，應該連這樣的作業都覺得困難。因為他們探索自己情

緒的「肌肉」已經徹底變得遲鈍。請把這項作業當成「將想到的事情原原本本吐露出來的復健」嘗試看看吧！(8)

至今為止我已經推薦過許多人這個方法，多數人只要持續一個禮拜，就能確實體驗到寫完之後的爽快感。而過了大約一個月之後，就能脫下因為在意旁人的眼光而穿在身上的「盔甲」，看見「赤裸裸的自己」。

我在前言介紹過的朋友也說：「我覺得原本附著在自己身上的東西好像褪了下來，自己的外在似乎被磨得相當光滑。」

附帶一提，我推薦「口袋大小」的「精裝筆記本」。這樣的筆記本能夠創造不被他人模式打擾的特別感，隨時隨地都能立刻翻開。

圖 2-3：【左】測量野帳〔SKETCH BOOK〕（KOKUYO）
【右】Moleskine Note〔POCKET・空白・精裝〕（Moleskine）

秘訣：在行事曆中保留「什麼都不做的時間」

買筆記本應該誰都做得到，但多數人都抱怨自己「太忙」。換句話說，無論確保多少「空間留白」，都沒有足以書寫的「時間留白」。

如果總是想著等一下就會有空，留白就永遠不會產生。所以必須先在行事曆上還沒遭到「他人模式」入侵的時段，預約「自我模式」的時間。

如果創造空間留白最好的方法是「立刻去買筆記本」，那麼創造時間留白最好的方法就是「立刻把『自我模式』的時間排進行事曆裡」。這時候雖然可以把行程寫在紙本行事曆上，但我更推薦手機的行事曆APP。只要按一下就能簡單設定固定重複的行程，再設好10分鐘前的推播提醒，就不會因為太忙而不小心忘記。就創造時間留白這點來看，反而是數位裝置佔上風。

預約「自我模式」的時間時，也必須要一併決定「這段時間要拿來做什麼」。以下整理了一些留白的例子。

□以小時為單位的留白——將鬧鐘響起的時間，設定在每天早上8點・上午11點・下午3點・晚上10點半。每當鬧鐘響起時，就進行一分鐘把注意力擺在自己呼吸的正念冥想。使用「Headspace」或「Calm」之類的手機冥想APP做為輔助也不錯。確保一分鐘的留白，就是獲得更多留白的第一步。

□以日為單位的留白——在每天固定安排「只屬於自己的時間」。晚上的行程就某方面來說比較難控制，因此以日為單位的留白，建議定在「早上」或「中午」。譬如每天提早一個小時起床，固定在上班之前先去咖啡廳。或者把午休時間重新設計成「留白」，以此取代與同事一起去吃乏善可陳的午餐也不錯。以日為單位的留白，適合進行自由書寫。

□以週為單位的留白——譬如每週固定在「星期三晚上」或「星期六晚上」留下2至3個小時的完整的空檔。在這段時間可以回顧每天的筆記，或者決定主題反省自己，事先保留面對自己的充裕時間。

□中長期單位的留白——每年大約騰出4天（每3個月一次）左右，訂為「自我模式之日」。譬如在3月底、6月底、9月底、12月底，留下一整天的空檔，不要安排其他任何事情。如果這麼做有困難，和親密的朋友約好把某天訂為「一年一度的回顧日」也是一個方法(9)。

秘訣：問題也是「留白」——漫想提問

關於創造漫想的留白設計，還有另外一個想要介紹的方法，稱為「漫想提問」。問題是一種期待回答的「留白」。有「提問」才有回答的空間。對自己提出問題，相當於為回答創造留白。譬如以下這些問題，就是觸發漫想的漫想提問。

□「小時候的夢想是什麼？」
□「青春期的時候，嚮往什麼樣的事物／什麼樣的人？」
□「如果有3年的時間可以自由運用，想要做什麼？」

□「如果獲得100億的投資，想要做什麼？」

「用手思考」對漫想提問而言也很重要。如果不是特別正經八百的人，就算在書上看到這些問題，也不會真的認真去想吧。換句話說，光是這樣，對留白設計而言還不夠。

但我們可以換個方式。請你準備一張紙，用橫書在紙上大大的寫著「小時候的夢想是什麼？」

並且請你在左邊點出3個條列用的項目符號「・」。或者標上「1」、「2」、「3」的數字也可以。結果如何呢?原本單純的白紙，應該被賦予了「畫布」的意義，讓你能夠寫出你的漫想。這就是我所說的「留白設計」。

我們在成為大人的過程中，學會了「實現可能性的限制」，培養出遏止胡思亂想的習慣。換個說法，就是名為「成熟大人」的心理障礙。但只要實踐漫想思考，就能反覆進行「刻意鬆開腦中螺絲」的訓練。這時候，漫想提問就是一種有效的方法。

其中回顧「小時候」的問題，可說是探索自己本質上關心的事物時常用的手段。我在美國留學的時候，曾去上過MIT媒體實驗室的一門課「Learning Creative Learning（從創造性學習中學習）」。這堂課的一開始，就是「你在小時候熱衷於什麼樣的事情？」的練習。

MIT教授西摩爾・帕普特，是這樣回顧自己的童年：「我以前是個一直在玩齒輪玩具的小孩[10]。」至於我自己，則熱衷於三國志的卡牌遊戲，收集強大武將的牌卡。我現在也非常喜歡「收集」，而且深深感覺到這樣的傾向也表現在工作上。與我一起工作的團隊成員與事業夥伴，都各自擁有不同的特殊能力。我就像是一路收集著各種不同類型的夥伴。

把「嚮往的心情」當成線索也是類似的方法。「嚮往」是一種直接連結到自身興奮感的情緒。學生時代和第一年出社會時，應該也有讓自己心生嚮往，想要變得像對方一樣的人吧？現在也可能因為社群媒體的普及，拉近了我們與「名人」之間的距離，價值觀變得多樣化，漸漸失去明確的角色典範，所以嚮往的對象變得不只一人。從職場的前輩、名人、超級巨星到歷史上的偉人，請試著把所有自己想得到的嚮往對象都寫出來吧！

此外，在問題中加入現實世界不太可能發生的虛構設定，也是一種鬆開「腦中螺絲」的方法。據說主導奇點大學的創業家課程的帕斯卡・費那提（Pascal Finette），一定會問學生這些問題：「如果你有3年的時間可以自由運用，想要做什麼呢？」「如果你獲得100億的投資，想要做什麼呢？」

就算是有動力打破「常識」的創業家，應該也很難把「100億」都花光。把這種離譜的設定加進問題裡，就能讓自己在無意識當中，解開對自己在思考上的死結。這也是一種留白設計的概念。

你也可以把這些漫想提問，融合到前面介紹的自由書寫當中。在習慣了情緒自由書寫之

圖 2-4：【左】Project Paper A4・5mm 方格（okina）
【右】百樂擦擦筆 3（百樂）

後，也試試下列這些書寫吧！

□慾望自由書寫——「我想試試看○○」、「我想變成○○」等等，把注意力擺在自己的慾望，並化為語言表現出來。

□漫想自由書寫——「如果一個月有1000億元可以用……」加入這類虛構的設定，讓想像力馳騁。

如果想要寫在筆記本之外的紙上，建議準備A4以上的大型紙張。在大型紙張上寫下大大的文字，應該也會覺得心情爽快。可以一張張撕下來的筆記也不錯。使用百樂擦擦筆之類可以擦掉的三色原子筆，就能盡情放膽書寫。也可以準備和平常工作時不同的筆。

秘訣：拋下思考之「錨」——愛好拼貼

到此為止的內容，都把主旨擺在「如何創造留白」。

接下來就從「具體來說該如何壯大漫想」的觀點，介紹幾種「動手做」的方法。

最直接的方法，就是從「過去喜歡的事物」中尋找漫想的線索。這時候，如果只在腦中想起這些事物，或許無法發展得那麼順利。進行創意發想時，最好依照「K→V→A」的順序（P.50）。

換句話說，不要只根據「過去喜歡的事物」進行抽象思考或是寫成文字，也要試著列印出具體的圖片，在桌面上排列出來。因為這麼做能夠刺激體感（kinesthetic）與視覺（visual）。素材可以是存在手機相機膠卷中的照片，也可以是網路上搜尋到的圖片。在 PhotoPin 之類的網站輸入關鍵字搜尋，就能輕易找到構圖簡約美麗的圖片，個人相當推薦。

□ PhotoPin｜http://photopin.com/

從「喜歡的事物」的照片素材中，收集大約6到10張特別有感覺的，並試著在桌上重新排列。這所有的照片，應該都具備某種能夠從你身上勾起興奮感的特質。

接著將這些照片貼在一起，製作成拼貼。可以準備A3尺寸的素描簿，貼在攤開來的兩頁上，或者也可以用圖釘釘在大尺寸的軟木板上。這就是「愛好拼貼」。

接著在每張照片下方，用簡短的關鍵字寫下「喜歡的理由」、「喜歡的要素」等。漫想思考不單單只是右腦思考，更著重於在圖像模式及語言模式之間穿梭。所以在這個階

圖 2-5：愛好拼貼（筆者製作）

段，也必須進行「寫下文字」的作業，就算只是簡單的單字也無所謂。

愛好拼貼的重點在於，把形成「你」現在這個人的「喜好」、「興趣」，包含記憶深處在意的事物在內，全都列出來。

拼貼做好之後，就貼在自己房間裡顯眼的地方吧。這在今後，將成為牢牢拴住你漫想思考的「錨」。

「自己真正關心的事物是什麼」——如果能夠不迷失這點，無論是在每天的工作與生活，還是在晉升、轉職、結婚等人生轉捩點，想必都比較不會在「他人模式」中隨波逐流。只要看見這張拼貼，就能隨時打開「喜歡」的開關。請先在自己家裡創造出這樣的環境。

秘訣：用積木樂高等「手動工具」訓練體感腦

如果說愛好拼貼的用意，主要是激發VAK當中來自視覺（visual）的刺激，那麼在重視體感（kinesthetic）的練習方面，使用樂高就是大家熟知的方法。

樂高積木雖然是知名的兒童益智玩具，但在樂高公司教育部門統籌研究開發的羅伯特・拉斯穆森（Robert Rasmussen），就根據帕普特教授的「建構主義」，開發出適合大人的教育工具——樂高認真玩（Lego Serious Play）。這套工具使用樂高積木表現自己面對的課題與對未來的展望，你可以透過這個模型進行反思與自我對話，逐漸掌握解決課題的切入點。這樣的方法被應用在團隊打造與策略擬定上，在全球也逐漸廣為人知。

在心理治療領域中，會使用沙遊療法（sandplay therapy）讓患者表現自己的心理狀態，將隱藏在心中的認知扭曲表現出來。而樂高認真玩也透過「動手做」來挖掘問題，就這點來與沙遊療法十分相似，在想要活化漫想時也能運用。

實際的做法很簡單：針對某個題目，在有限的時間內，使用限定數量的積木製作作品。具體範例如下。

□題目——我對自己的期許（限制時間5分鐘，10塊積木）

重點在於「動手不動腦」。我們太習慣「在做任何事情之前都先動腦再動手」了。而破壞這樣的順序，就是這個練習的目的。

首先隨便拿兩塊積木，試著將其隨機組合在一起。可以先觀察積木的顏色與形狀，再從中察覺自己想做的東西。如此一來，就會再想到要加上別塊積木，看看能不能產生新的呈現。總而言之不要想太多，就像小朋友玩積木一樣，不斷地動手做吧。小朋友不會仔細思考「自己想做什麼」。但想法的輪廓就會在隨意的組合當中，逐漸變得清晰。

時間到了之後，就在正方形的便利貼上寫下作品的「標題」。最好是在差不多1分鐘內想到的文字，不要思考太久。命名的作業是從自己製作的事物中，抽取出本質的

「概念化」訓練。我也建議在做完之後用手機拍下作品與標題，並且存起來。

家裡有樂高積木的人一定要試試看，如果可以的話和同事、朋友、伴侶和孩子一起嘗試也不錯。（當然一個人也沒問題！）此外，材料也不一定要是樂高。把手邊有的文具、書本、剪下的雜誌、厚紙板或紙黏土等組合起來也可以。我再舉出一個題目供各位參考。

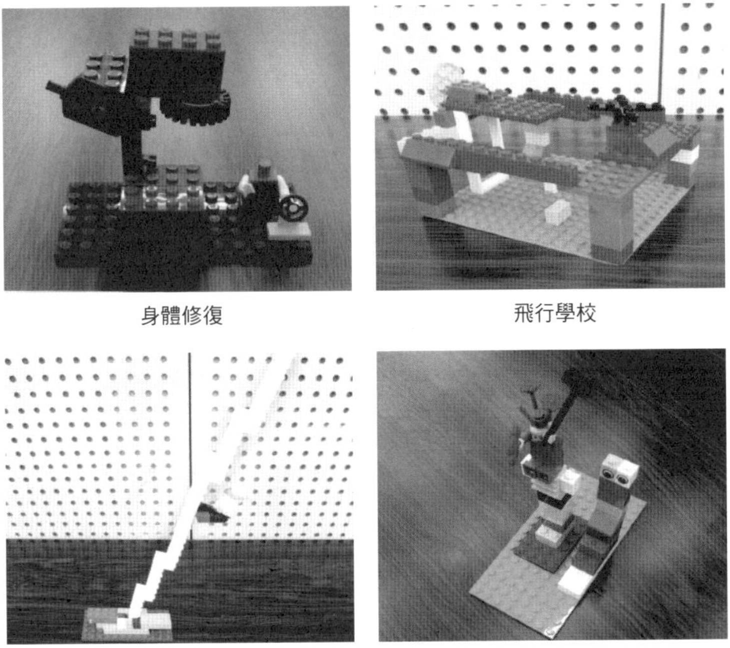

身體修復　飛行學校

不會掉下來的鞋子　守護王子與只有眼睛的人

圖 2-6：專屬於你的秘密道具（京都造型藝術大學的授課內容）

□題目——專屬於你的秘密道具（限制時間10分鐘，大約20塊積木）

在這個練習中，我想請你用樂高製作「幫你實現所有願望」的祕密道具。

製作方法也一樣。你不需要去思考「如果我有什麼道具會更方便」或者「這個道具必須解決什麼樣的問題」。總之先拿起相中的積木，試者隨意組合。

最後再透過觀察，看看組合好的積木像什麼。譬如「這個部分好像翅膀」或是「這個洞裡好像會有什麼冒出來」，畢竟靈感的起點終究還是視覺資訊。最後幫這個秘密工具取個「名字」，並寫在便利貼上就可以了。

作品完成之後，也務必要思考自己為什麼會做出這樣的作品，仔細觀察自己的「欲求」是什麼。

秘訣：激發創造的「驅動力」——魔法提問

為了讓單純的漫想進入下一個階段，不能缺少前面提過的「創意張力（creative tension）」。不能只是看見理想的狀態，還要意識到卡在理想與現實之間的那道「鴻溝」，才能產生出把理想轉變為現實的能量。

為此，我們需要「提問」。

我是在寶僑擔任行銷人員的時候，了解到「提問」的力量。該公司都會在每年12月，針對這一年來的成果進行定量分析，淘選出隔年的課題或目標。雖然課題由每個品牌分別設定，但一定會寫成「提問的形式」。譬如課題不會單純設定成「讓目前的使用者嘗試新商品」，而是會寫成疑問句形式，像是：「該怎麼做才能讓目前的使用者嘗試新商品呢？」

各位或許會覺得這只是微不足道的細節，但這也是一種留白設計。將課題整理成提問的形式，我們的思考自然會受到想要回答的強制力作用，更容易發起具體的行動去填滿空白。組織或企業尤其要懂得藉由這樣的「提問設計」，提高成員或員工的注意力與專注度。

「提問」對課題驅動（問題解決型）的思考方式也很有效，只不過對於願景驅動的思考方式更能發揮效果。但必須注意，問題的句型必須根據方法而改變。

針對課題驅動的思考方式，必須以某個具體問題為起點，目的是解決該問題，所以透過

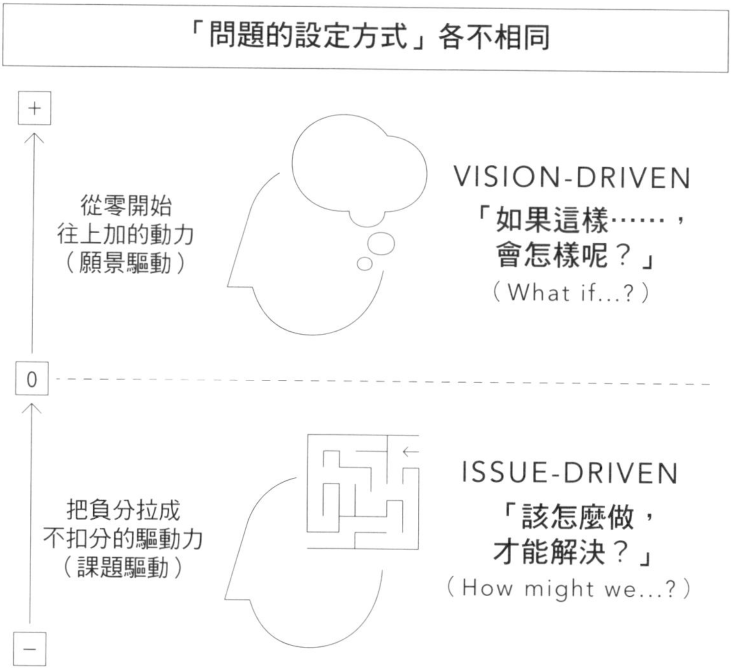

圖 2-7：課題驅動與願景驅動在「提問」上的不同

「該怎麼做才能……（HOW-MIGHT-WE 句型）」的提問句型，產生「把負分拉到不扣分的驅動力」。

至於針對願景驅動型的思考方式，可以用這樣的句型提問：「如果……會怎麼樣呢？」（WHAT-IF 句型）。相較於前者，或許可說是「從零開始往上加的驅動力」。

簡單來說，如果想要催生出一些漫想，最好寫成 WHAT-IF 型的問句。換句話說，就是把眼光看向更遠的未來，不是「實現這個漫想需要什麼」，而是「如果這個漫想實現的話，會發生什麼事情」。

一旦開始思考漫想實現的可能性，就會逐漸失去能量。在進行由漫想↓知覺↓重組↓表現這4個步驟形成的漫想思考時，第一步也是最重要的一步，就是不能讓從自己內在湧出的漫想的「熱量」冷卻，如果可以的話最好還能「加溫」。因為這個階段能有多少興奮感，將大幅影響漫想思考最後抵達的地方。

這裡舉出幾個 WHAT-IF 型的漫想例子。寫成「提問」的形式，應該更能感受到漫想思考的力量。

□「如果每個人每週只工作3天的時代到來，會怎麼樣呢？」

□「如果平均壽命變成一千歲，會怎麼樣呢？」

□「如果推出能在空中飛的汽車，會怎麼樣呢？」

□「如果錢從世界上消失，會怎麼樣呢？」

□「如果每天可以讀一百本書，會怎麼樣呢？」

想必現在有讀者會質疑：「我完全不知道想這些事情有什麼

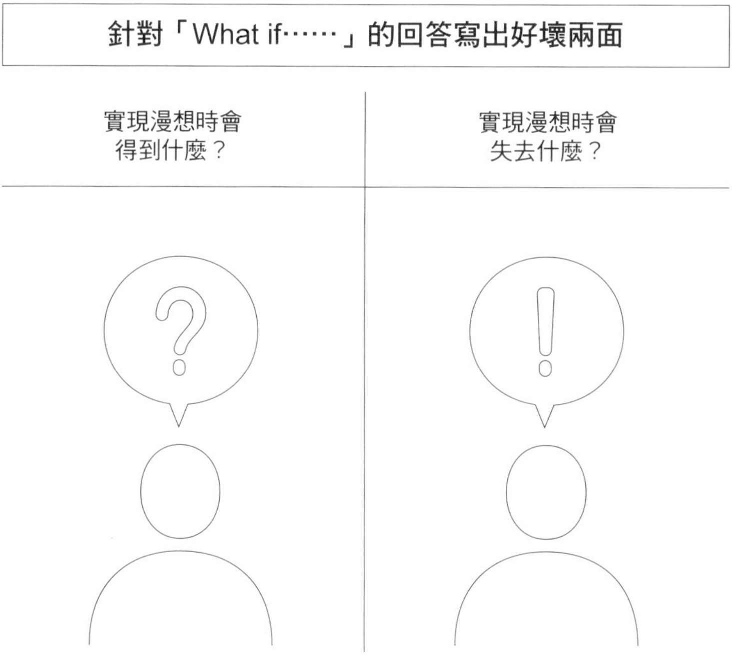
針對「What if……」的回答寫出好壞兩面
實現漫想時會得到什麼？
實現漫想時會失去什麼？

圖 2-8：留意自己對「漫想」踩下的心理煞車

意義！」愈是平常習慣以「他人模式」思考，熟悉問題解決型的方法與邏輯思考流程，想必就愈容易有坐立不安的感覺。本書的目的是將思考過渡到與過去不同的模式，所以執行時會稍感不安也是理所當然。

不過，覺得極度抗拒的人，請試著問自己這個問題：

「你的漫想如果實現，會對世界帶來什麼壞處呢？」

在心理學的領域，針對這種狀況，有這樣的說法：「這是因為當事人在潛意識裡害怕『達成目標』」。我們的內心一方面總是追求更好的狀態，但另一方面又具有類似「免疫系統」的機制，試圖避開大幅度的變化(11)。

既然如此，在回答 WHAT-IF 型的問題時，不要只去思考正面影響，也去釐清負面影響，即可破除心中的恐懼與迷思。

我們可以在A4紙張上寫著大大的「提問」，並將其下面的空白分成左右兩個欄位。在回答會「會怎麼樣呢？」的時候，在左邊條列出正面影響，右邊條列出負面影響。接著請你重新回頭看看右邊欄位的負面影響，問問自己，這些內容若實現了，真的會是壞事嗎？

如果漫想由此繼續擴大也沒關係。在這個階段，請忘掉平常那個在發想時總是「腳踏實地」的自己，盡可能讓自己的思緒飛向更遠的地方。

NOTE

（1）Loewenstein, G. (1994). "The Psychology of Curiosity: A Review and Reinterpretation." *Psychological Bulletin*, 116(1), 75.

（2）北野宏明「Moonshot 型研究方法的本質」ＳＯＮＹ官方網站 [https://www.sony.co.jp/SonyInfo/Jobs/singularityu/interview03/]

（3）ＯＫＲ是改變目標管理制度，使其具有高度通用性的方法，企圖透過目標設定制度提高人才的自律性的與創造性。BIOTOPE 也採用了這個方法。推薦參考下列書籍。▶Christina R. Wodtke. *Radical Focus: Achieving Your Most Important Goals with Objectives and Key Results*. Cucina Media LLC.

（4）蓋瑞・哈默爾「邁向新時代的25個課題——管理２・０」《鑽石社哈佛商業評論》２００９年４月號 [http://www.dhbr.net/articles/-/376]

（5）青色組織（Teal organization）是弗雷德里克・萊盧（Frederic Laloux）提出的21世紀型組織論，指的是在經營時總是以持續進化為目的（Evolutionary Purpose），同時重視整體性與自律性的組織，可說是在網路時代才有辦法誕生的全新組織論。▶Frederic Laloux. *Reinventing Organizations: A Guide to Creating Organizations Inspired by the Next*

Stage in Human Consciousness.／根據這個目地管理組織的方法論，請參考下列文章。

▼佐宗邦威「設計組織的存在意義——實踐目的式行銷」《鑽石社哈佛商業評論》２０１９年３月號

（6）支援新創事業的創立與事業營運的ＳＯＮＹ新創事業部門「Seeds Acceleration Program (SAP)」除了催生與串聯各式各樣的新計畫外，也對找回ＳＯＮＹ全公司「創造新事物」的ＤＮＡ帶來貢獻。當時的社長在回憶錄「ＳＯＮＹ社長談『谷底翻身』」（《文藝春秋》２０１７年10月號」的開頭也有提到。關於ＳＡＰ請參考下列網站。[https://www.sony.co.jp/SonyInfo/csr_report/innovation/index3.html]

（7）示能性（affordance）這個單字曾在設計界引起關注。這是美國生態心理學家詹姆斯・吉布森（James Gibson）提出的概念，意思是「環境向人類與動物提示其意義，並影響其行動」。舉例來說，玻璃杯向人們提示（afford）「把冰涼的飲料倒進去」的意義。同樣地，擺在桌上的空白筆記本，也提示我們「用自我模式書寫」。而將紙本筆記本融入自己的生活當中，就是設計「提示自由書寫」的環境。

（8）我以前曾經參加過內觀活動，在半張榻榻米的空間裡，持續打坐一週。當時有一個單元，是「把所有負面情緒一股腦寫出來，藉此回顧自己」，效果非常好。自覺正在痛苦掙扎的人，請務必一試。

（9）舉例來說，「年底」就是最佳的回顧時機。關於邀請團隊成員和朋友一起進行每年回顧的方法，請參考下列文章。實不相瞞，這樣的回顧形式，就是我以前在與該文章的撰稿者－ＣＪ吉澤康弘進行每年的回顧時所定下的。▼「40位商業人士讚不絕口的一年：一年回顧完全手冊／改變未來的計畫」[https://mirai.doda.jp/theme/looking-back-planning/procedure/]

（10）Papert, Seymour. (1980). *Mindstorms: Children, Computers, and Powerful Ideas*, Basic Books.

（11）Wilky, B. A., & Goldberg, J. M. (2017). "From Vision to Reality: Deploying the Immune System for Treatment of Sarcoma." *Discovery Medicine*, 23(124), 61-74.

第 3 章

「感知」世界的複雜

Input As It Is

《蘋果與柳橙的靜物》（保羅・塞尚）——塞尚是印象派的代表畫家，一輩子都把熱情奉獻給「看」這件事。他不只進行寫實性的描繪，也在繪畫中納入個人的主觀性，忠實描繪出雙眼原原本本看見的畫面。

「簡單易懂的世界」有什麼問題

在資訊爆炸的現代，只要是「簡單化」或「易懂化」，都被當成是好的。把複雜的事件整理成清楚構圖的新聞解說大受歡迎；難懂的大部頭書籍改編而成的圖解書或漫畫成為暢銷作品；光看標題就能觸動情緒的網路文章被瘋狂轉貼；省略標題與禮貌客套的訊息軟體博得人氣——現在就是這樣的時代。

「這張投影片做得很簡潔！」這句話帶有稱讚的意味，但如果上司說「這裡有點複雜」，意思就是這裡必須修正。簡報的教戰手冊，通常都會寫著「基本上一張投影片只放一個訊息」。因為無論現實多麼複雜，大家都偏好刻意省略細節的「加工現實」。

人們喜愛簡化過的資訊，也喜愛熟悉的資訊。舉例來說，比起塞滿事不關己的資訊的「日經新聞」，我們更喜歡看列出朋友、認識的人或名人近況的 Twitter 或 Facebook 新聞牆，因為這麼做「舒服」多了。同理，亞馬遜上的推薦商品欄位，列出了「想讀的書」與「想要的商品」；網頁上也每天都會看到根據過去的瀏覽行為所投放的「針對性廣告」，這些都是顧客比較熟悉的事物與資訊內容。

科技讓我們覺得世界變得更容易看透。複雜繁多的資訊，被整理成整齊簡單的型態，似乎輕輕鬆鬆就能理解。

然而，這恐怕是誤會。我們接觸到的，只不過是根據個人狀況最佳化的「片面資訊」。

愈是追求「簡單」、「易懂」，我們的視野就

雖然容易打造自己的世界，但是也變得狹窄

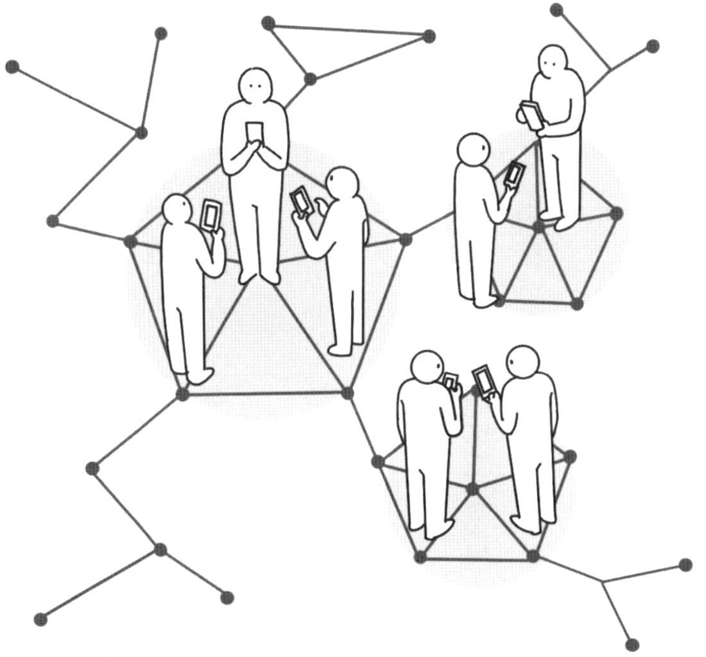

圖 3-1：資訊分層化帶來的狹隘狀態

變得愈狹窄。

舉例來說，在美國總統大選時，不希望川普當選的人，看著選舉期間的新聞與社群網站，想必都相信「全美國幾乎都在反川普，他應該不會選上吧」。無論是多麼優秀超群的人，都可能不小心把過濾後的資訊視為「世界的全貌」，以為沒有看到的事物就「不存在」。所以如果沒有看見總統選舉的結果，就不會發現自己對世界認知的扭曲。

資訊的分層化、狹隘化，帶來了更嚴重的問題，那就是思考與想法變得缺乏個性。反過來說，接觸愈多「為個人量身打造的資訊」，個人的腦就愈容易與「其他的個人」一致，思想也逐漸變得與別人相同。

如果把上述現象放在商業的脈絡中，我們可以看見，缺乏個性的員工與企業，都困在紅海的血腥競爭裡，承受著無以名狀的「卡關感」。

如何磨練知覺力？——避免頭腦「狹隘化」的方法

這時希望大家能理解「知覺」的重要性。「知覺（perception）」指的不單單只是冷熱之類的感覺（sensation）。雅虎策略長安宅和人也是腦神經科學家，他對知覺的解釋如下：

「『知覺』非常簡單來說，就是理解對象的意義，如果再說得稍微詳細一點，就是理解自己周遭的環境，統合並解釋其資訊。所以譬如相機，就只是記錄的裝置，無法進行感知。（中略）人類只能感知到自己理解其價值（意義）的事物，而一個人的知覺範圍就是他的理解力。(1)」

即使接收到相同的資訊，不同的人也會創造出不同的意義。舉例來說，士兵在戰場上的生死，除了運氣好壞之外，主要取決於他透過五感獲得的極有限的資訊，以及根據過去學到的、接觸到的所有事物所做出的判斷。「能不能活下來」不能只靠優異的視力與聽力，也與學生時代的成績好壞幾乎沒有關係。該前進、該後退、還是該躲在暗處——從資訊中創造出自己的意義的「知覺力」，影響了判斷狀況的準確度。

就這層意義來看，資訊的狹隘化就相當於失去知覺力，就如同把戴上眼罩、耳塞的士兵送上戰場。如果士兵只聽從無線電傳來的命令，那麼所有人都只會採取相同的行動，全軍覆沒的風險就會很高。

科技帶給我們「簡單易懂的世界」，對於想要避開這種狹隘化的狀況，希望以自己的觀點思考的我們而言，知覺力具有決定性的重要意義。從自己心底深處挖掘出的「vision」，不能只停留在「idea」的階段。要將漫想琢磨成改變現實的創意，就不能漏掉在知覺上統合的過程。

「擅長探索」就能存活——意義建構理論

在經營管理的領域，人們也開始重新評估知覺力。最具代表性的就是以組織心理學家卡爾・偉克（Karl Weick）為中心提倡的「意義建構理論（sensemaking）」。這是一種「感知（Sense）」外界的狀況，從中建構固有意義的行為模式。

尤其是在世界充斥劇烈變化與高度不確定性的VUCA時代，組織的領導者也被要求「建構意義」的能力。因為如果領導者無法用自己的解釋傳達「現在發生什麼事」、「我們扮演什麼樣的角色」、「我們朝著哪個方向前進」，就很難說服組織成員或權益人採取行動(2)。就像是能夠有效判斷「現在戰場上發生什麼事情」、「我們該怎麼做」的指揮官，才能拯救多數士兵的性命。

「『不單純化就無法理解』，這是誰決定的？明明就連嬰兒都能原封不動吸收複雜的資訊，建構自己的解釋。」

佐山弘樹，紐約州立大學賓漢頓分校教授、網路理論學者、科學家

每個人在剛出生的時候，都曾直接感知周圍發生的事情，為其建構意義。

假如有天我們醒來，突然置身於一片死白的空間當中，我們一定會睜大眼睛仔細觀察，想要找出能夠成為線索的事物。我們可能會伸出手去確認能不能摸到什麼、發出聲音聽聽看回聲，又或是感知地面的觸感、空氣的流動、溫度的變化等等。我們會發動所有感官，試圖理解自己可能置身於什麼樣的狀況。各位或許會覺得這是非常辛苦的作業，但其實每個嬰兒都經歷過這樣的探索。

隨著我們學會了語言，累積了愈來愈多的知識與經驗，我們即使不運用知覺力也能活下去了。

佐山教授曾說「視覺障礙的人，三次元的知覺力比較高」。無法依靠視覺的人，只能根據經驗解釋來自眼睛之外的感官資訊，試圖藉此理解周圍的環境。但眼睛看得見的人，就算不這麼做也不會撞到物體或絆倒，所以知覺力反而變得相對遲鈍。

意義建構的3個步驟

由此可知，我們原本就具備意義建構以及知覺的能力。那麼該如何找回、鍛鍊這樣的能力呢？把知覺力分解之後，大致由3個步驟組成。

①感知——觀察原貌
②解釋——以自己的架構整理輸入的資訊
③賦予意義——賦予整理好的資訊意義

我們的知覺運作得不靈光，可能是因為其中某個環節卡住。因此需要把知覺力的障礙物一一去除，重新挖掘出這項能力。

我們獲得的感覺資訊愈是豐富，感知事物原貌的機會反而愈是極端地少。所以必須進行使用所有的感官「用心感受事物」、「觀察事物原貌」的訓練，盡量不要以現有的架構解釋。

此外，在實際解釋時，也最好不要一下子就寫成語言。請把幾乎去除所有感知內容的語言化作業留到最後，在這之前，先安排一個「不使用語言，把所有感知到的事物當成一個整體來解釋」的步驟。而這個時候，「圖像思考」就是有效的手法。

話雖如此，只靠這個整體像也無法驅動思考，所以不可缺少為這個整體像取名的語言化作業。請不要忘記，漫想思

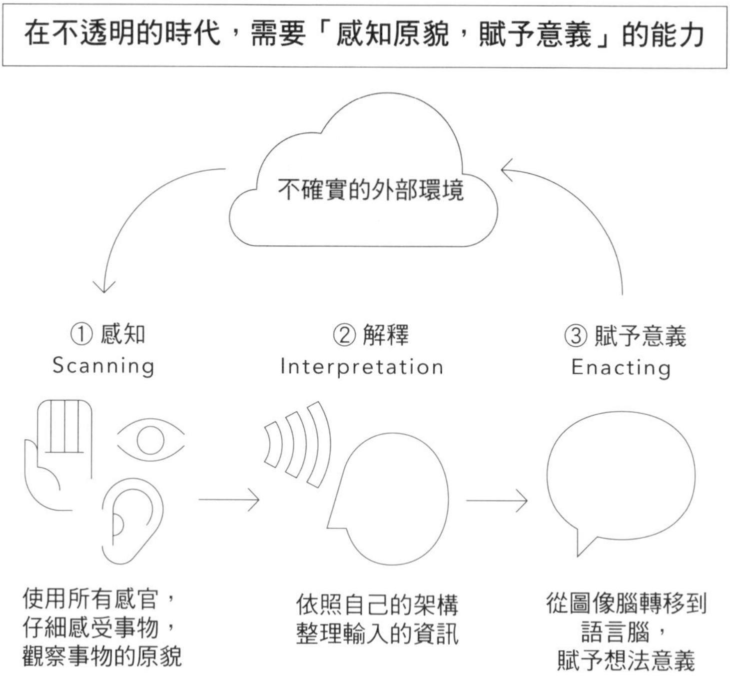
在不透明的時代，需要「感知原貌，賦予意義」的能力
不確實的外部環境
① 感知
Scanning
② 解釋
Interpretation
③ 賦予意義
Enacting
使用所有感官，
仔細感受事物，
觀察事物的原貌
依照自己的架構
整理輸入的資訊
從圖像腦轉移到
語言腦，
賦予想法意義

圖 3-2：意義建構的三個步驟

考就是橫跨語言腦與圖像腦的左右腦並用思考。尤其是領導組織與團隊的人，為了讓這樣的思考被自己以外的人「接受」，這個步驟更是不可或缺。

接下來就為各位介紹磨練知覺力的各個步驟的具體訓練訣竅。

關閉語言模式，仔細觀察事物原貌——①感知

如果一直盯著中文字看，有時候會覺得這個字看起來漸漸變成陌生的圖形。「意義」突然從原本具有特定意義的符號中剝落，使得這個符號看起來逐漸變成奇妙的圖樣。這樣的經驗想必誰都有過吧？

這也可以理解成大腦模式的切換。平常我們接觸文字時，優先使用語言腦。但如果突然切換成圖像腦，文字就會失去意義，看起來逐漸變成不可思議的線條集合體。這就是看見「事物原貌」的狀態。

請看下圖。有些人第一眼看見的是鴨子吧？某項研究顯示，這些人的語言腦佔

優勢。反之，看見兔子的人，則是圖像腦佔優勢。

此外，有手機的人，請掃描以下左側的 QR Code。這個網址會連到人偶旋轉的 YouTube 影片。據說，若看到人偶看起來像是「順時針旋轉」，大腦屬於R模式；若看起來像是「逆時針旋轉」，則大腦的L模式佔優勢。（不管怎麼做都無法切換模式的人，請掃描右側的 QR Code）。

▶ http://www.youtube.com/watch?v=SFV6h6MXQkl

▶ http://www.youtube.com/watch?v=i-yhtXAzYwc

圖 3-3：看起來像什麼？

雖然有些人有某種類似「慣用腦」的傾向，但大腦模式絕非固定，而是可以切換的。

擅長素描的人，在作畫時會有意識地進行模式切換。能夠畫出正確素描的人，可以在維持影像腦的情況下，如實地把看見的事物畫下來。話雖如此，「把看見的事物原封不動畫下來」比想像中更難。多數人在畫畫時會切換成語言腦，妨礙自己「看見事物的原貌」。

下圖是我在十多年前參加畫畫工作坊時的自畫像。左邊的圖是在工作坊開始時畫的，右邊的圖則是在參加工作坊後畫的。

這時希望各位注意的不是畫得好不好的

圖 3-4：作者的自畫像（左：參加工作坊前／右：參加工作坊後）

差別，而是在畫這兩幅畫時，我的視覺產生了什麼樣的變化。

不管是左邊的畫還是右邊的畫，我在作畫時都使用了鏡子觀察自己的臉。然而從左邊的畫可以知道，我當時沒有運用太多的視覺。舉例來說，我雖然把鏡框塗成黑色，但這是因為我用「眼鏡等於黑框」的理解取代了「視覺」。但經過了工作坊的學習後，我試著仔細觀察眼鏡，結果發現部分鏡框反射了光。所以右圖中的眼鏡就加入了白色的部分(3)。

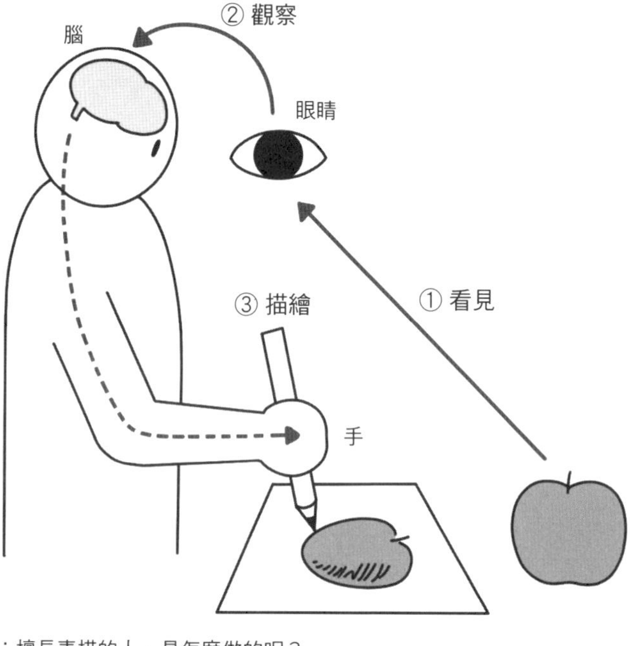

圖 3-5：擅長素描的人，是怎麼做的呢？

換句話說，造成兩者差異的是我的資訊篩網的大小。輸入的資訊在精細度上的差異，在輸出成圖像時，將轉變成畫面細緻度的差異展現出來。實際上，這個工作坊完全沒有講解繪圖技法，我們學到的只有「仔細觀察對象物」，以及「把看見的東西原封不動畫出來」。

我在參加這個工作坊之前，一直以為自己沒有繪畫天分。不擅長畫圖的人，似乎多半只是在「觀察事物原貌」的部分遭遇挫折。所以只要累積「觀察事物原貌」的訓練，就能立刻將素描能力提升到某個程度。接下來將介紹幾個能讓各位體驗這個變化的練習。

秘訣：利用「寶特瓶速寫」體驗模式切換

準備鉛筆、橡皮擦、紙。如果可以的話，最好是A3大小的素描簿。畢竟沒有什麼比大尺寸畫布（留白）更能提高視覺解析度了。接下來的練習也經常會出現素描簿，建議先準備好一本。

接著買一瓶寶特瓶礦泉水，撕下外包裝使其成為透明的狀態。準備好之後先試著畫畫看寶特瓶。這時的重點是什麼都不要看，在短時間內進行速寫。先把買來的寶特瓶藏起來，邊在腦中回憶寶特瓶的樣子邊動筆，限時兩分鐘。使用手機的定時器應該不錯。

接著準備空白頁面，再畫一次寶特瓶。這次要「仔細觀察」。先保留一分鐘仔細觀察的時間，在這段時間不要動手。

其實不同廠商的寶特瓶礦泉水差別很大。除了形狀之外，也要仔細觀察反射光線的部分，以及變暗的部分，並試著把看見的東西，確確實實、原封不動地畫下來。絕對不要根據想像補足「大概是這種感覺吧」，而是要專注在自己的眼睛接收到的資訊。重現形狀時，也可以用鉛筆輔助，試著測量長度。

但速寫本身不是目的，只是用「圖像腦觀察」的練習，所以不需要拼了命把畫完成，大概十分鐘就可以告一段落。

最後比較這兩張畫，體驗完全不同的輸出質感。

秘訣：阻絕語言腦的「顛倒速寫」

已經有不少人指出，如果想要磨練美感，在美術館欣賞藝術作品是個有效的方法。而除了磨練美感之外，還想提高獨創性的人，可以進一步臨摹藝術作品。仔細觀察作品，能夠學習技術、理解多種視角、打磨自己的想法等等，具有綜合性的效果。

東京大學的岡田猛教授等人，從認知科學及心理學的觀點進行藝術相關研究。他們將非美術系的學生分成幾組進行實驗，結果發現：事先臨摹藝術作品的組別，創作出的作品比對照組更具有獨創性(4)。

話雖如此，一下子就要複製專業藝術家的作品，難度還是很高吧。這時候我推薦方法的就是「顛倒速寫」。

選好喜歡的作品後，先試著將作品倒過來。如果一直盯著中文字看，會引起「完形崩壞（Gestaltzerfall）」的現象，使文字看在眼裡逐漸變成沒有意義的圖形，同理，顛倒的圖看起來也會逐漸變成線條與色彩的無意義集合。當我們能夠透過已知的分類理解眼睛看見的事物時，大腦立刻就會切換成語言模式。也就是說，只要我們正著看圖3-6的畫，就一定會把這幅畫看成一名「男子」。但如果把畫倒過來看，就能破壞其意義。

請試著維持在圖像腦的狀態，把畫看成是線條的集合，並且「原封不動」地把看見的畫面畫下來。採用這個方法，應該就能讓臨摹效果出乎意料地好。

臨摹對象也可以是漫畫角色。有孩子的人，可以把繪本和漫畫倒過來，試著和孩子一起進行描圖練習。孩子或許會造成干擾，然而對彼此來說，應該都會成為有效的訓練。

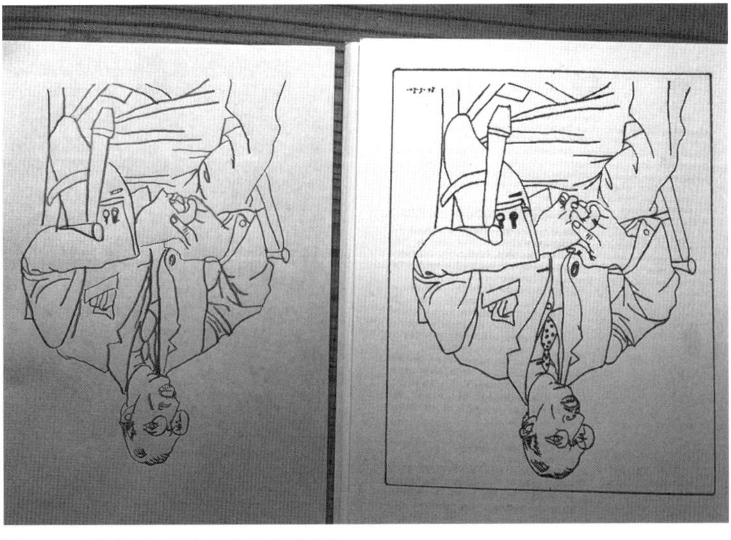

圖 3-6：顛倒速寫（畢卡索的素描畫）

秘訣：以視覺腦度過一整天的「色彩狩獵」

到此為止，嚴格來說都把焦點擺在「形狀」，但其實透過訓練，也能提升對「色彩」的敏感度。雖然我們把生活在彩色的世界視為理所當然，但是在L模式（語言腦）啟動時，會以抽象化的方式理解多數事物，不會注意到色彩的些微差異。因此，就算只是意識到顏色的不同，也能幫助提升知覺力。

請試試看「色彩狩獵」這個方法。首先在早晨決定一個「當天的顏色」，這個顏色可以是當日占卜的幸運色，也可以是心血來潮想到的顏色。譬如「紅色」。接著就在家裡、通勤中、午餐時間、辦公室裡等各個不同的時間地點尋找紅色的物品，如果找到了就用手機拍下來。

你可以在手機裡建立「色彩分類相簿」，將照片儲存在相簿裡。有在用Instagram的人，可以試著加上「#colourhunt」、「#red」之類的標籤並建立相簿，會比較容易管理。瀏覽儲存的照片，你就能發現，雖然都是「紅色」，但彩度與明度也有很大的差異。透過色彩狩獵，養成「隨時尋找色彩」的習慣，就能在平常也持續維持在圖像腦的狀態。另外，現在也發展出解析拍攝的照片，將色彩抽出成為調色盤顏色的技術，雖然較適合進階者，但也可以試用看看。

□Adobe Capture CC——免費手機APP，有iOS版也有Android版。不只可以解析色彩，也能解析形狀。

□color hunter——除了搜尋含有一定色彩的照片之外，也可以分析自己上傳的照片顏色，轉換成HTML色碼 [http://www.colorhunter.com/]

思考時請「畫成圖」，不要「條列出來」——②解釋

學會讓大腦維持在圖像腦的狀態，「原封不動地輸入↓輸出外界的資訊」後，就進入意義建構的下一個階段「輸入的解釋」。

如果想要以自己的觀點解釋透過五感獲得的資訊，可以試著「原封不動地輸出自己腦中的事物，並進行思考」。一般提到輸出，往往會想到條列式筆記或製作投影片，然而在這個階段，「用圖像思考，把圖畫出來」的效果，會比使用「語言」好。這一點都不困難，只要會「塗鴉」就夠了。

為史丹佛大學的「左右腦並用思考」奠定基礎的羅伯特・麥金（Robert McKim）教授指出，以創新方式解決問題

以創新方式解決問題，「動手畫圖」的步驟不可或缺

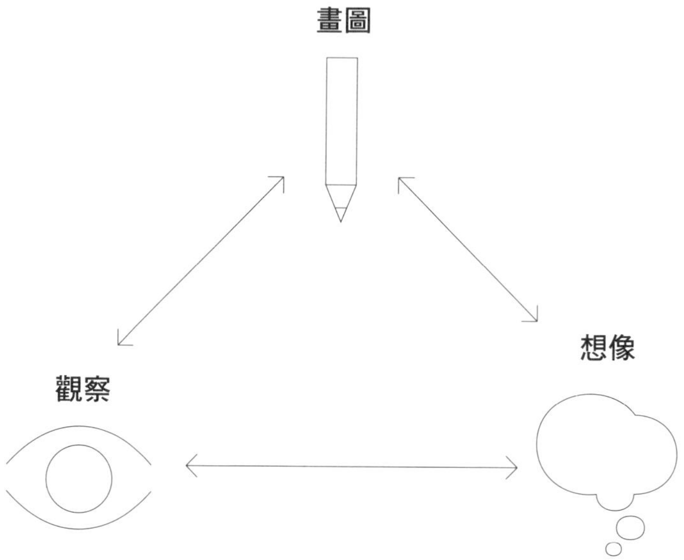

圖 3-7：左右腦並用思考的三個基本步驟

的核心，除了「觀察」、「想像」之外還有「作畫」(5)。

據說愛因斯坦在思考的初期階段，使用的方式也以視覺圖像為主。解讀他的筆記，就會發現一開始是隨筆畫出的簡略圖形，後來才漸漸變成算式和語言。不只愛因斯坦，那些被稱為天才的科學家在得到具體發現之前，都一定會先畫畫(6)。

由此可知，他們畫這些速寫，不是為了記錄已經建立的想法。而是藉由試著把腦中「還沒有輪廓的模糊概念」畫出來，當成思考的手段。

就算是模糊破碎的片段，也總之先

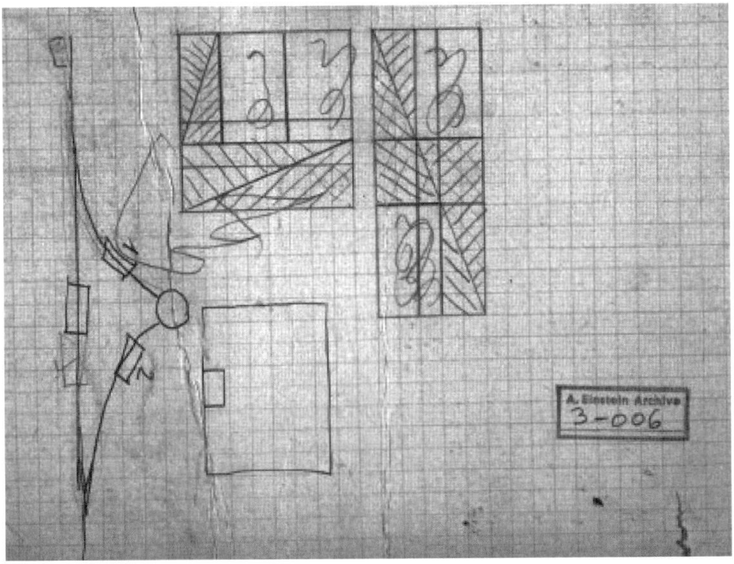

圖 3-8：愛因斯坦的筆記(7)

用圖畫的形式表現出來。接著再一次從外部的角度，客觀看待在紙上呈現的速寫，藉此獲得新的「發現」。

根據某項實際比較專業設計師與設計系學生的研究顯示，專業設計師比較擅長從客觀的角度重新詮釋自己暫時輸出的成果，在詮釋時能夠不侷限於原本的意圖(8)。

這時候如果一下子就寫成條列式文字，思考將無法繼續往下發展。把模模糊糊的概念，原封不動地轉換成模模糊糊的視覺資訊記錄下來，這點相當重要。接下來將介紹有效的相關練習。

秘訣：把漫想圖像化的「漫想速寫」

請試著把你獨一無二的「漫想」整理成一張圖。這時需要準備一張A4影印紙與素描簿。

使用的漫想可以是來自「漫想自由書寫」的內容（P.126），譬如「如果我有1000億元」，但如果有在「秘密道具原型」（P.133）的單元中想出的具體原型，畫成圖應該會更有樂趣。

請先在A4紙上描繪簡略的速寫。最先想到的事物、似乎很重要的事物，就在正中央畫得又大又仔細。地點在哪裡？有什麼樣的人？大家臉上是什麼樣的表情？這些周遭的狀況也要大致畫出來。如果腦中浮現出多個不同的場景，就把這些場景畫在周圍。

A4紙只是用來打草稿，所以不要使用橡皮擦，讓鉛筆順著想法動起來。當然這張圖也不會給別人看，所以不需要畫得很好，請把原封不動地畫出

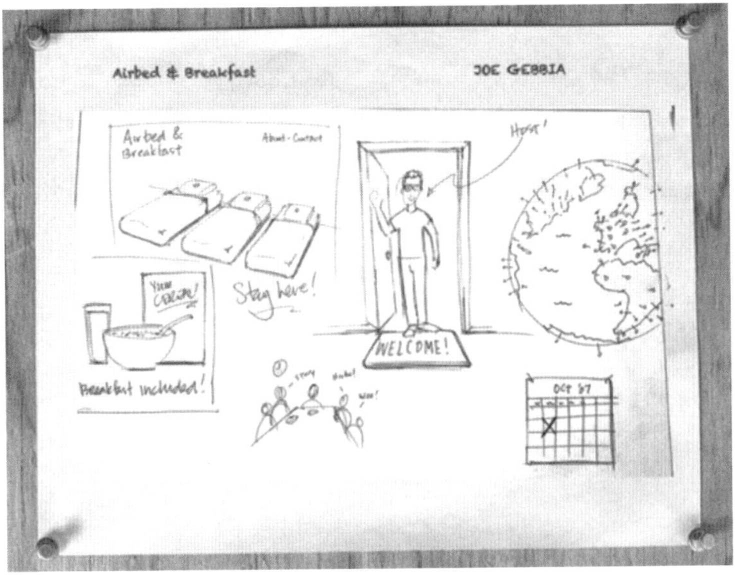

圖 3-9：把漫想畫成一張圖的「漫想速寫」(9)

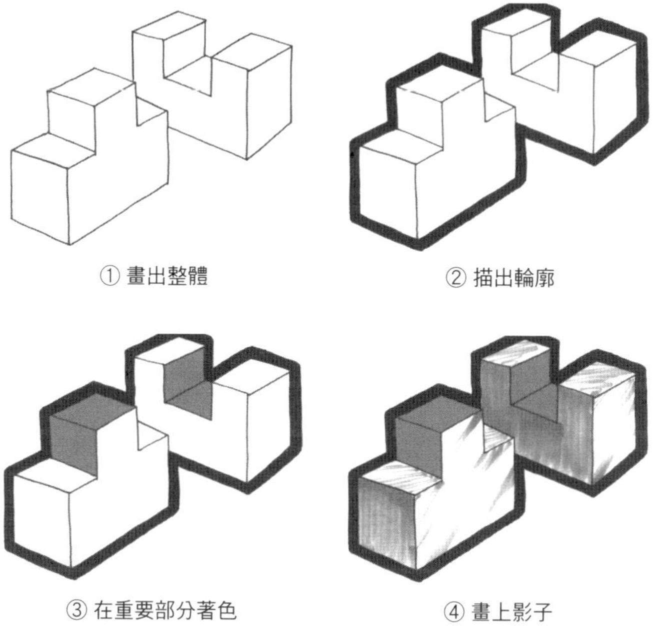

圖 3-10：任何人都能辦到的速寫訣竅 (10)

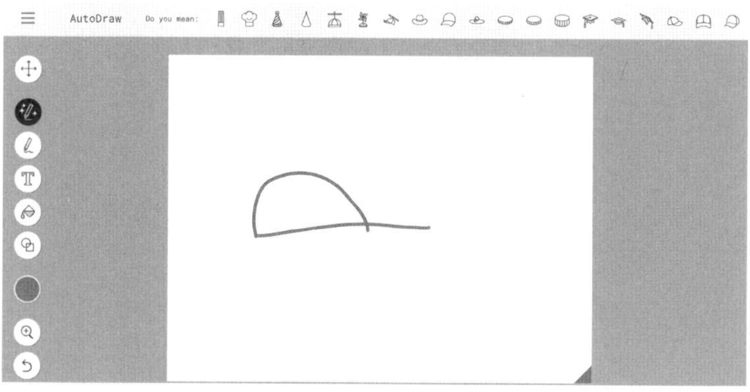

圖 3-11：Google AutoDraw （https://www.autodraw.com/）

自己腦中的想法吧。

畫完草稿之後，接下來就在素描簿上畫出完稿吧！雖然用鉛筆畫也無所謂，但主要的部分如果能用較粗的簽字筆描出輪廓，就能加強整張圖的強弱對比，提高完成度，所以請務必試試看。

前面已經提過，漫想思考的重點不在於一下子做出完成品，而是在於反覆地重新製作未完成的原型。所以千萬不能畫完一次就結束，至少也要重複兩次「草稿↓完稿」的循環，如此一來應該就能實際感受到：模糊的概念開始逐漸擁有更加清晰的輪廓了。

不擅長畫圖的人，也可以考慮借助科技的力量。

Google AutoDraw 這項免費服務，就是以人工智慧解析畫在上面的手繪線條，根據線條的模式自動建議適當的手繪圖案。沒有試過的人請務必試試看。雖然在獨創性方面略遜紙本一籌，但應該能帶來令人驚豔的成果。

秘訣：「單詞圖像化」的視覺化訓練

如果想要特別進行「將腦中的事物畫成圖」的訓練，我推薦這個方法。準備好紙張與簽字筆，隨機選擇幾個單詞。可以是突然想到的詞彙，也可以是隨意翻開現在閱讀的書或國語辭典，從裡面挑出的詞彙。也可以嘗試看看英語單字，應該也很有趣。

接下來的步驟就很簡單，只要畫出表現這個單詞的圖就可以了。盡量自由描繪，不要想太多，總而言之，注意不要

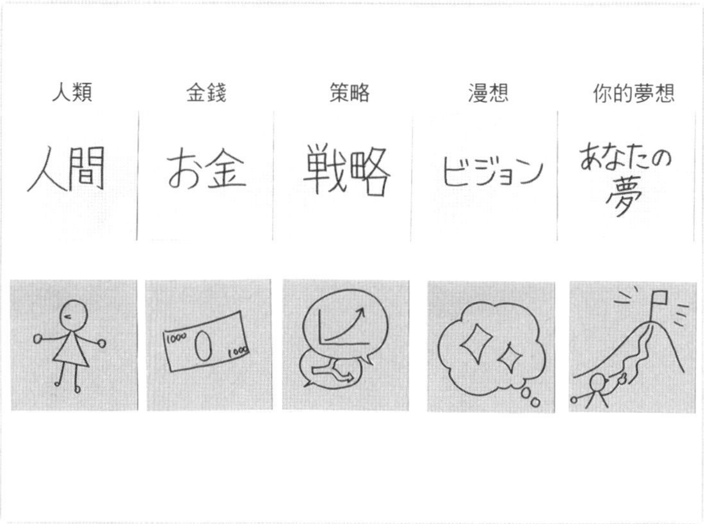

圖 3-12：把單詞畫成圖的訓練

讓手停下來。在畫畫時，應該也會發現各式各樣的表現手法，譬如活用空間、改變線條粗細、在濃淡上下功夫等等。可以先畫在便利貼上，再並排貼進素描簿裡。

就算是平常每天在用的詞彙，也能透過圖案的呈現，發掘出「自己獨一無二的意外觀點」。我在工作坊請學員把「策略」這個單詞視覺化時，有人畫成「選擇」，也有人畫成「競爭狀態」。把語言畫成圖也是一個絕佳機會，能讓自己發現大腦在無意識當中建立的思考傾向。

在2種模式間穿梭，並創造「意義」——③賦予意義

意義建構的最後一個步驟，就是以自己的解釋賦予「意義」。如果想要與別人分享侷限在個人想像中的世界，「語言化」依然不可或缺。這個時候，在「圖像」和「語言」之間穿梭的思考法，就能成為參考。

對歐美的設計公司而言，收集大量的流行照片，貼在牆上並附上標籤，藉此淘

選出新創意的火種，是相當普遍的做法。經營策略設計公司的我，在接到品牌設計的委託時，也會與該企業的員工一起使用視覺卡片進行趨勢研究。我們會從日本國內，有時也會從國外的最佳案例，收集象徵各種生活型態的照片，將其卡片化，從照片中獲得靈感，藉此思考新的點子。

我在SONY時代參與新事業創立計畫時，第一次體驗到這樣的手法。當時的研究從田野調查開始。我們借住在目標使用者家裡，親身體驗這個人的生活型態，累積第一手資訊。

這個計畫最讓我印象深刻的是龐大的

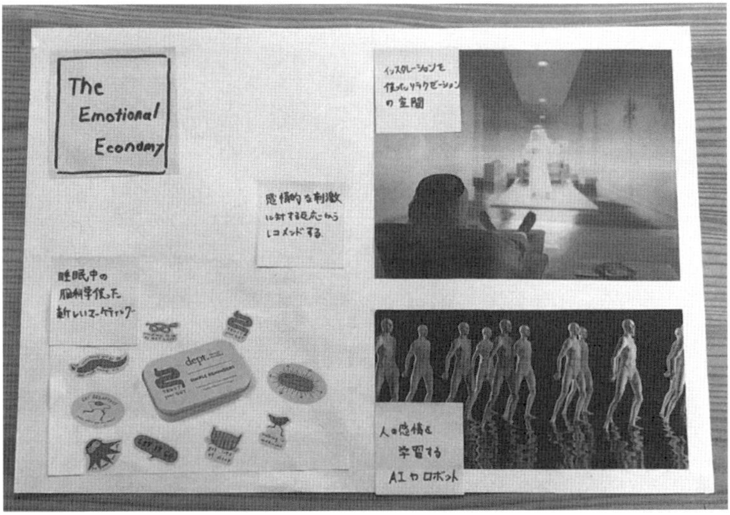

圖 3-13：趨勢調查的例子，解讀照片中隱藏的資訊

資訊量。一次現場調查的對談筆記，就已經擁有相當大的篇幅，照片更是有將近200張。把這些資料帶回公司分析時，也親身體會到視覺思考的強大力量。

我們把所有的照片印出來，貼在大塊的板子上進行討論時，發現無論是自己的理解品質，還是團隊討論的具體性，都有大幅度的提升。要是把如此龐大的資訊，寫成條列式的投影片或是整理成Excel的表格，應該不會有這麼好的效果吧。

然而另一方面，把這些資訊整理成具體方案時，還是必須依賴「語言」。視覺資訊能夠非常有效地幫助思考「發散」，但是在「收斂」討論時，還是需要壓縮成語言訊息的手續。

方法是把照片分成幾組，仔細安排上下左右的位置關係，接著用便利貼寫下關鍵字並貼在每張照片旁。這麼做能讓各張照片所擁有的意義變得更明確。如果在這樣的過程中，有了新的發現，可以一邊改變照片的配置，或貼上新的便利貼，讓想法更有條理。

這時的重點有2個。

① 首先只從視覺開始。

② 在語言與視覺之間穿梭。

一定要先從照片的視覺資訊開始，而且在這個階段最好盡量不要混入語言的要素。但若只有這樣，會讓思考與討論在發散當中結束。所以一定要在便利貼寫下關鍵字，為視覺資訊加上「邊界」。

但光是這麼做這樣還不夠。等到整理進行到一個段落，必須再次回顧視覺模式，看看會不會有新的發現。在語言與圖像之間來回穿梭非常重要。接下來我將介紹把「視覺資訊」化為「關鍵字」的簡單練習法。

秘訣：提高模式切換力的「雲朵狩獵」

前面介紹的「顛倒速寫」練習，是為了盡可能在輸入時維持圖像腦，防止語言腦在無意識間開啟。而在此我們則進行相反的訓練，先從視覺輸入開始，接著有意識地整理成語言。首先請看下方的圖。

能夠把這些分散的點與線看成蛇和狐狸的人，應該很擅長模式切換吧？這個圖形雖然乍看之下毫無意義，但他們的腦卻能擅自加上輔助線，構成一個完形（整體像），做出「這是蛇／狐狸」的解釋。

如果想要磨練從視覺到語言的切換力，我推薦「雲朵狩獵」。每個人在小的時候，應該都曾有過邊看著雲邊想「那朵雲好像恐龍啊」之類的經驗吧。雲朵狩獵就是把這樣的經驗融入日常生活當中的練習。

圖 3-14：看起來像什麼呢？（11）

下方照片上的兩朵雲，就是我抬頭看天空時，因為突如其來的靈感而忍不住拍下的作品。

寫出來或許有點掃興，但這兩朵雲在我眼中分別是「愛心」與「龍的側面」。發現雲看起來像是某種形狀時，不要只在心裡想，也務必要加入寫成具體語言的步驟。所以可以拿手機拍起來，在Instagram之類的社群軟體中，加上「#cloud hunt #愛心」或「#cloud hunt #出現在市中心

圖 3-15：雲朵狩獵（作者拍攝）

的紅龍」之類的標籤。

長大之後，人們逐漸失去抬頭看天空的機會。在忙碌的日子裡，「雲朵狩獵」可以讓你隨時創造出「知覺的畫布＝留白」，就這層意義來說，也是一舉兩得的練習。

秘訣：將情緒可視化的「情境版」拍照練習

這個練習是透過模擬的方式，體驗看看前面介紹過的，使用視覺卡片進行的趨勢調查。請花大約一個禮拜的時間，每天拍下自己感興趣的事物。譬如想買的衣服、在樹蔭下休息的鴿子、覺得好笑的廣告、好吃的餐廳、新推出的巧克力、亮眼的汽車、向晚時分的街景……只要是自己感興趣的事物，什麼都可以。

接著從中挑出8張左右特別喜歡的照片列印出來，試著在素描簿上排列看看。如果照片看似可以分組，就大致分好組別排列，並且把所有的照片貼在素描簿上。

接著準備正方形的便利貼，把每張照片吸引你的點寫下來。像 Instagram 的標籤一樣條列出關鍵字，效果會比文章更好。

最後邊看著整體畫面，邊思考自己關注的可能是哪個部分，也回想看看與以前輸出的「漫想」有哪些共通的地方。設計業界稱這樣的方法為「情境版（mood board）」。雖然業界將這個方法用在建構創意，但應該也能幫助你把自己的「情緒（mood）」可視化。

如果可以，最好把照片列印出來，但如果列印有困難，也可使用製作情境板的數位服務。

□Niice——除了 iOS 版與 Android 版之外也有網頁版。可以下載成PDF。[https://niice.co/]

圖 3-16：BIOTOPE 的情境板

如果想要提高知覺力，除了視覺（visual）之外，最好也能有意識地打開體感（kinesthetic）與聽覺（auditory）的開關。在日常生活中養成習慣，拍下觸動自己心弦的事物，應該會成為很好的訓練，能夠幫助自己在原本漫不經心忽略的日常事物之前停下來。創造出這種靜態的「留白」後，請務必留意周圍的雜音、人們說話的聲音、溫度、濕度、地面的感覺以及人們的步伐。

「散步」與「逛街」是最好的習慣。雖然為了健康慢跑也不錯，但如果能夠在一個禮拜當中，確保幾次像這樣沒有特定目的，隨意散步的「留白」會更好。若要執行，也建議使用手機行事曆，先把時間安排下來。

NOTE

（1）安宅和人「知性的核心在於知覺」《鑽石社哈佛商業評論》２０１７年５月號

（2）入山章榮「『未來能夠創造』絕對不是盲目的信念」《鑽石社哈佛商業評論》２０１６年10月號

（3）對這個內容感興趣的人，請務必參考下列名著。這本書必定能夠開啟一扇門，帶你理解你未曾使用的大腦可能性。▼《像藝術家一樣思考》（木馬，２０１３）

（4）石橋健太郎・岡田猛「透過臨摹別人的作品促進繪畫創造」《認知科學》２０１０年17卷1號

（5）McKim, R. H. (1980).*Thinking Visually: A Strategy Manual for Problem Solving.* Lifetime Learning Publications.

（6）村山齊「天才在寫算式之前一定會先畫圖的理由——透過『速寫』思考的新法則」PRESIDENT Online（２０１７年８月）[https://president.jp/articles/-/22773]

（7）Norton, J. D. "A Peek into Einstein's Zurich Notebook." [http://www.pitt.edu/~jdnorton/Goodies/Zurich_Notebook/index.html]

（8）Suwa, M., & Tversky, B. (1997). "What do Architects and Students Perceive in their

Design Sketches? A Protocol Analysis." *Design Studies*, 18(4), 385-403.

（9）https://blog.btrax.com/jp/airbnb-storyboard

（10）James Gibson・小林茂・鈴木宣也・赤羽亨《創意速寫——〈醞釀〉想法的工作坊實踐指南（暫譯）》

（11）McKim, R. H. *Experiences in Visual Thinking: General Engineering*. Brooks/Cole.

第 4 章

克服平庸的「重組」技法

Jump Over Yourself

《亞維農的少女》（巴勃羅・畢卡索）——以立體主義聞名的畢卡索曾說過：「我畫我想像的，而非我看見的。」他受印象派開拓的主觀繪畫技法影響，由此奠定自己獨特的重組表現手法。

最好從「無聊的漫想」開始

如果想要以「自我模式」思考，首先要直接輸出主觀的漫想，接著再提高漫想的解析度。這是本書到此為止介紹的內容。

但另一方面，一旦進入到實踐階段，許多人恐怕都有以下的顧慮吧。

「應該只有我會覺得這個漫想有趣吧……。」
「這樣的點子別人應該已經想到了……。」
「既不創新也沒有獨創性，我果然沒有發想的天分……。」

我認為，真正有效的思考法，是要採用與過去「完全相反」的順序思考，而不要刻意去追究思考是否具有「創新性」或「獨創性」。但我還是希望讀者能自行斟酌自己思考的方式。本書重點，還是希望讀者能掌握「願景驅動的思考」的概念。

如果你對自己的創意沒有自信，請記住，這個世界上只有極少數的人，能夠一開始就想出很棒的點子。就算是劃時代的思想革命，也經常是以常識為基礎再發展出來。就連我自己在寶僑時代，也曾經歷萬分痛苦的瓶頸期。

想出創意之後，如何加強它、執行它才是關鍵，而這當中存在著許多秘訣。一般人很難在一開始就想出革命性的創意點子，一定是經由「不停反覆」的過程，仔細打磨想法之後，才能讓點子愈臻成熟。

請記錄好你日常生活中蹦出來的每個點子，千萬不要以為「反正只是胡思亂想」就把它忘記。對大部分的人（尤其像我這種原本腦袋僵化的左腦人）而言，比起等待「天外飛來一筆」，更應該好好記錄自己看似平凡的一些點子，或許其中蘊藏著無價珍寶。

不能看到「按讚數」就滿足。多道步驟就能好上加好

漫想的過程中，人們難免會落入一個迷思：「這個點子應該有人想過了吧。」

此外，如果不是平常想像力就特別豐富的人，一開始提出的點子肯定有不足的地方。

如果想要擺脫這樣的狀態，只要對漫想施以一定程度的「加工」即可。所謂的「加工」，就是以其他人的觀點審視自己的點子，並對自己的點子進行「吐槽」。

你也可以把點子分享給別人。來自第三者的回饋，想必能為你的漫想帶來新鮮的刺激。其他人的吐槽或中肯的建議，一定能把你的漫想打磨得更加光亮。

另一方面也不能忘記，想要獲得「有效的回饋」，必須避免以下3個狀況。

□ 評價者對想法抱持著否定的態度
□ 評價者沒有正確理解想法
□ 評價者看輕「思考」的價值

首先，如果得到負面的回饋，或者是觀眾（聽眾）錯誤理解了點子的內容，可能就會大幅削弱思考者的動力。再來是社群媒體的評價問題。社群媒體乍看之下能反映「大眾」的評價，乍看之下會讓人以為是理想的回饋工具，但按讚數愈多的點子就愈優秀嗎？卻也不盡然。最具代表性的例子就是「網美照」，容易獲得別人稱讚的貼文，可能反而離獨創性或創造性愈來愈遠。

希望各位不要誤會，我的意思並不是要否定「共創過程」或是「社群網站的回饋」。我只是想要強調，在想法中加入他人的觀點加以優化時，需要更加小心。

我個人最推薦的一個方法，就是結交一些可以互相檢視彼此創意與漫想的夥伴（漫想夥伴）。你可以找幾個交情特別好的朋友、興趣相合的商業夥伴等，一起進行本書的練習。如此一來，想必就能在回饋的時候一起討論出：①這個想法有什麼特別的內容、②能夠從中感覺到什麼樣的可能性（可以如何發展變化）、③有什麼方法可以更進一步將其具體化。

De-Sign＝破壞概念重新組合

經濟學家約瑟夫・熊彼德（Joseph Schumpeter）表示，驅動經濟成長的創新，本質上是企業家（entrepreneur）帶來的「新結合」。換句話說，創新不是創造出某種全新的事物，而是將現有的要素「重組」，才能為停滯的經濟帶來突破。

這樣的創新觀，不只適用於總體經濟與企業經營，也是適用於各種型態的漫想思考。漫想的「改變切入點」，指的並不是加入完全不同的獨特想法。從漫想中誕生新奇性的關鍵，在於「重組」漫想所具備的要素，發起「新種結合」。

這種重新結合的過程，在設計思考的始祖——「設計」領域佔有重要的地位。英語中的「設計（design）」，源自於拉丁文的「designare」，而這個字則由意味著「分離、釐清」的字首（de-），與「印記、符號」（signum）組成。由此也能知道，做為「行為」的設計，帶有將構成要素分解之後再重新組合的意義。而設計這個字，可以說就是重組的意思。

重組 ＝ 分解 ＋ 重新建構

如果不將概念拆組，就無法發展出新的組合。盡可能「分解」自己腦海中的漫想，掌握各個部分，才能進行成功重組。進行這些過程的同時，也能看見自己曾經在不知不覺中，接受了哪些社會常識的既定框架（framing）。

重組必然包含「重新建構」的步驟，必須花點心思組合成與原本不同的樣貌。個人的靈感或有創意的點子，經過這「分解」以及「重新建構」的步驟後，被賦予了客觀性，變得「更像是創意」。

接下來，本書將更完整地探討各個步驟，同時也將介紹具體訣竅。

「條列式書寫」會僵化思考──分解步驟①

身為一間公司社長，如果想到一些新的產品或創意，但又無法完全納入現有產品中，這時該怎麼辦呢？

以新的「飲料品牌」為例。如果採取傳統經營方式，一開始一定會先判讀定量資料與定性資料，從對商品還不滿意的消費者身上探索他們的需求。

但這個方法的效率非常差。當人們的需求已經可以導出定量資料時，代表這個需求對任何人而言都顯而易見，所以也很有可能早被競爭對手搶先一步執行。至於訪談之類的定性調查則很花時間，而且也不保證能夠得到好的線索。

其實，我們這時必須多花點時間在「分解」的步驟上。如果想要創造出高價值的革新商品，最好仔細找出隱藏在既有想法中的「看似理所當然」，再將其分解成不同的元素。

舉例來說，寶特瓶飲料就帶有「售價30元左右」、「可以在自動販賣機或便利商店購買到」等這些「看似理所當然」的性質。如果能夠確實意識到這些特性，就能將其擴展、翻轉為：「如果一瓶飲料賣100元呢？」或是「如果可以把飲料直接宅配到府呢？」換句話說，我們可以藉由把「常識」列出來，進而找出打破原本「看似理所當然」的方法。藉由這樣的運作，將觀點拆解再重新結合，就更容易出現前所未有的切入點與想法。

MBA的策略思考課程，也會傳授拆解想法的思考法，其中最有名的應該是麥肯錫的MECE（無重複、無遺漏）。在本書，我們採取的是「顛覆理所當然」的3步驟分解法。這個方法的基礎來自芝加哥的創新公司 Doblin 在1980年代所提倡的古典方法[1]。

① 淘選出「理所當然」
② 從「理所當然」中尋找不自然之處
③ 試著將「理所當然」反過來思考

第一個步驟是根據特定主題，羅列出世界上所有想得到的、被視為理所當然的「常識」。這個常識可以是傳統的規則或習俗，也可以是近年出現的「流行」。列出來的內容愈多愈好，所以可透過網路進行關鍵字搜尋，如果可能的話，最好找幾個人一起腦力激盪，進行粗略的發想。

以重組為前提進行分解時，就整體而言，資訊必須要有「物理上的輸出」。說白話一點，就是必須動手「寫下來」。因為不管是多聰明的人，都不可能只在腦中進行重組。淘選出「理所當然」時，把腦袋裡的東西「寫出來」是大前提。

而且重要的是，必須寫成「可重組的形式」。很多人在試圖寫出想法的時候，都會先在紙上條列出來。就重組的觀點來看，這種方法有致命性的缺點，那就是寫出的要素因為被「順序」固定，很難引發「新結合」。

換句話說，常見的條列式筆記，沒有足以重組的「留白」。在針對特定主題輸出「理所當然」時，必須以重組為前提，確實準備好做為媒介的「畫布」。

秘訣：大幅提高「重組力」的「可動式筆記術」

為了避開前述的問題，請各位務必試試看「可動式筆記術」。首先請準備重組用的「畫布」。這些「畫布」可以是常見的B4尺寸筆記本，也可以是大尺寸素描簿、模造紙、折疊式白板，甚至是牆壁或桌面。

重點在於，請不要把你的想法直接寫在「畫布」上，而是要寫在另外準備的正方形便利貼上。這時請注意「一張便利貼只寫一則資訊」。因為如果在便利貼上把資訊條列出來，最後依然會發生相同的問題：無法重組。所以，請依序把想法在便利貼上寫下來，再貼到「畫布」上。在這個階段請只專注於動筆，將想法寫出來就好。

從一開始就把筆記整理成這種「可動」的形式，就能隨時開啟「重組」發想的模式。我的讀書筆記等，也都是先寫在便利貼上，再貼進筆記本裡。因為就算思考完全無關的點子，只要想到「啊，這個想法與那本書寫到的內容有關」，那麼只要把便利貼移動到其他頁面就行了。

或許有些人會想，如果使用可以將資訊剪下&貼上的 Word 或 PowerPoint，不就可以在電腦上進行幾乎相同的操作嗎？譬如把文字貼在文字方塊之類的物件裡，再「移動」或「複製」整個物件，不也是一個方法嗎？

遺憾的是，這個方法也有缺陷。因為有些資訊無法容納在螢幕畫面內，只能被擠到視野之外。當資訊變多時，為了看整個畫面，就不得不把文字縮小。對重組作業而言，這是致命的缺點。

我個人並非類比至上主義信仰者。只不過至少目前，就「可動性」與「一覽性」而言，尚未出現足以凌駕「可動式筆記術」的數位工具。

像這樣將資訊的片段視覺化，也有一個很大的優點，那就是能夠在同一個平面上處理視覺資訊與文字資訊。在「畫布」上把便利貼排開時，還可以同時貼上與之相關的照片或插圖。或者還有一種方式，就是將具體產品擺在桌面上，再以寫著筆記的便利貼將其圍繞起來。

請各位留意，在便利貼上寫筆記時，

圖 4-1：伊利諾理工學院的課堂。透過畫布讓大量的便利貼可視化。

盡量使用較粗的簽字筆。如果文字寫得太小、筆畫太細，就無法在迅速將整體資訊盡收眼底。此外，難以閱讀的手寫文字，很容易被照片之類的視覺資訊埋沒。所以在便利貼上寫筆記時，必須有意識地「將文字寫得又粗又大」。

最後，如果覺得自己很難脫離「寫條列式筆記的習慣」，建議先做好一頁貼上6張正方形便利貼的筆記本當作練習。如果不把「創造留白」做到這麼徹底，就很難改變寫筆記的習慣。

市面上已經推出把重組視為前提的筆記本（可重組筆記本），推薦試用看看（β版也提供數位化的重組服務）。

圖 4-2：可重組筆記本（Pentel）

誠實面對不自然之處——分解步驟②

把有關主題的「常識」寫出來之後，下一個步驟就是挑出「不自然的常識」。這個步驟的重點是找出讓你在意的部分，譬如：「這個地方不是很奇怪嗎？到底為什麼會變成這樣呢？」

出現在電視上的諧星，能夠從平凡的日常生活當中找出「吐槽點」，編出讓人捧腹大笑的段子。你也可以在自己內在創造一個有點「愛找碴」的人格，試著主動尋找隱藏在「常識」中的「吐槽點」。請多注意平常容易忽略的、看似「理所當然」的常識，想想看：「真的是這樣嗎？這真的合理嗎？」

如果發現不自然的部分，也試著反思：「哪個部分讓自己覺得不自然？」「自己為什麼會那麼在意？」「該怎麼做才能消除這種不自然的感覺呢？」

如果嗅到不自然的氣息，請不要壓抑，試著停下來，正視這種「有點怪」的感覺吧！

秘訣：鍛鍊「吐槽」天線的「不自然感自由書寫」

最好平常就養成習慣，訓練這種偵測「不自然感」的天線。而在培養「尋找吐槽點」的習慣時，自由書寫也是有效的方法。之前介紹過「情緒自由書寫」、「慾望自由書寫」與「漫想自由書寫」，所以不妨也試試看「不自然感自由書寫」，把在意的、感覺不自然的常識或社會現象寫下來的吧！或者也可以在每天持續的晨間自由書寫中，加上一行「今天在意的事情」。

不自然的感覺通常只存在於當下，過了一段時間很快就會被遺忘。但每當覺得「這裡有點奇怪」的時候，就得拿出筆記本也很麻煩，因此可以養成習慣，在發現「不自然感的素材」時，立刻用手機拍下來。題材沒有限制，可以是某項新商品的排隊現象，也可以是街角有趣的招牌等等。拍下在意的事物，邊回顧照片邊進行自由書寫，就能防止自己忘記。在 Twitter 或 Instagram 等平台貼出「照片＋不自然感的評論」或許也是不錯的方法。多數情況下，不自然感都能「以身體感覺出來」，所以也能成為鍛鍊身體感覺（kinesthetic）的練習。

翻轉「理所當然」——分解步驟③

接下來該做的就是開啟「叛逆鬼」的開關。簡而言之，就是針對所有寫出來的「常識」，反射性地思考「這個常識的『另一面』是什麼？」重點在於不要太深究想法的好壞，要專注於反射性地提出想法。

對公司內部的專案而言，像這樣打造「刻意『反過來』思考的環境」具有重要的意義。組織內部會根據經驗法則創造出大量的「理所當然」，因此形成一股氣氛，讓人很難提出偏離「常識」的意見。有些人即使覺得不自然，也因為害怕被批評「那傢伙根本不懂第一線的實際操作」而不敢說出口。但如果營造出一個「大家一起變成『叛逆鬼』的空間」，對於破除這樣的心理障礙非常有效。

此外，進行個人程度的想法分解時，「刻意反過來思考看看」的步驟也絕對有一試的價值。畢竟就算原本以為是解放自我、無拘無束的漫想，可能也包含了某種程度的「思考障蔽」。這時候若能把一切都「反過來思考看看」，想必能獲得幫助自己提高想法獨創性的線索。

秘訣：叛逆鬼畫布

最後將針對到此為止說明的「①淘選出『理所當然』↓②從『理所當然』中尋找不自然之處↓③試著將『理所當然』反過來思考」這3個分解步驟，向各位介紹具體的實踐方法。

首先準備「畫布」，將「經過分解的主題」擺在中央。這個主題雖然可以以文字寫在便利貼上的方式呈現，但如果能

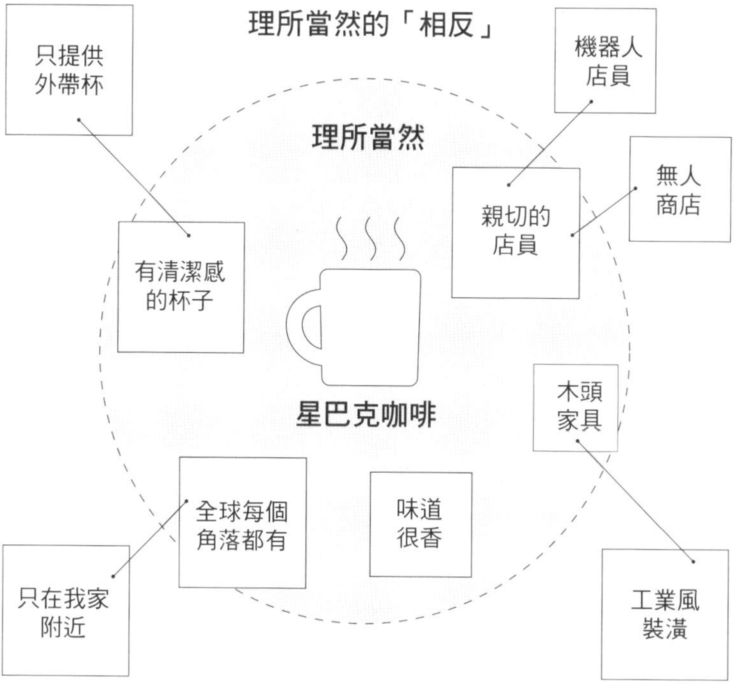

圖 4-3：叛逆鬼畫布

夠表現成視覺圖像，就更能提高想法的觸發力。如果想將你挖掘出的「漫想」分解成要素，也可以使用已經畫好的「漫想速寫」。

首先在分解的主題四周，貼出屬於這個主題的「理所當然」。這時不需要想太多，只要把聯想到的關鍵字不斷地寫出來即可。不要因為覺得「好像哪裡不太對」就停下來，請不斷將腦中的每個想法分別寫在便利貼上，再把這些構成要素貼滿在主題周圍。

接著再回頭看一次這些寫下來的內容，尋找「不自然」的地方。這時候，請把內容較相關的便利貼彼此聚攏，至於明顯重複的內容、偏離主題的內容，則可以貼遠一些。

我們的目的並不是彙整想法，因此貼出來的筆記最好保持原狀。如果覺得不太自然，可以在便利貼的右上角畫個「☆記號」。

最後，請徹底化身為「叛逆鬼」，把「顛覆理所當然的點子」貼在最外側。如果能夠用不同顏色的便利貼，譬如黃色代表「常識」，粉紅色代表「非常識」等，更能凸顯視覺上的差異。此外，為了讓彼此的對應關係變得更清楚，請用線條將「常識」與

「非常識」連起來。

不知道該怎麼辦的時候，可以從「覺得不自然的常識」開始處理，應該就不會太過困難。

此外，「能夠顛覆理所當然的點子」不限一個。以圖為例，「帶著爽朗的笑容接待顧客」，可以對應到「無人商店」，也可以對應到「機器人店員」。

為想法帶來「波動」的類比式思考——重新建構的步驟①

到此為止是「重新建構」前的「分解」步驟。「叛逆鬼畫布」完成之後，請快速瀏覽一遍最外側的「非常識」。想必有些人光是這麼做，就已經看到了「重新建構」的全新切入點。雖然可以就這樣直接重新建構，但如果在此讓分解後的構成要素擁有更開闊的「廣度」，就有機會完成獨創性更高的重組。

這個時候，「Analogy」就是有效的方法。Analogy 一般翻譯為「類比」，如果存在著未知事物A（目標）與已知事物B（來源），那麼就可以根據兩者之間的共通點C，做出「A應該也有B的特性」的推論。

各位可以回想一下脫口秀表演的「腦筋急轉彎」。譬如：「大家猜猜看『結婚』跟『跑百米』有什麼關聯呢？答案就是『好的開始是成功的一半』。」像這樣的腦筋急轉彎，就是某種類比式思考在發揮作用。

事實上，類比式思考可以

腦筋急轉彎中「猜猜看 A 與 B 的共通點，那就是 C」的結構

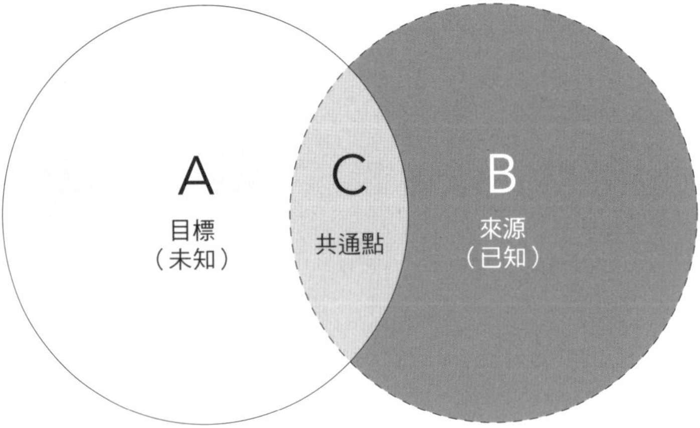

如果有一個未知事物 A（目標），
那麼根據已知事物 B（來源）與共通點 C，
就能推導出「A 應該也有 B 的特性」。

圖 4-4：什麼是類比式思考？

應用在許多場合。以科學領域為例，如果發現了存在著水的行星A，就會推測「地球（事物B）有水（共通點C）也有生物，因此行星A或許也有生物」。或者也可以應用在行銷領域，譬如新商品A決定接受某個電視節目的採訪時，也會根據「以前商品B在這個節目曝光後，銷售量翻了3倍」這樣的已知事實，推論出「A的銷售量也會提高近3倍吧」。能夠做出這樣的類比，就是因為目標（A）與來源（B）之間存在著共通點C。

簡而言之，這就是「總之有點像！」的用法。請各位模擬一下戀愛時追求對象的狀況。在喜歡的人面前，一定會想要找出彼此的共通點，讓對話更熱烈吧。這時候，如果總是把注意力擺在彼此不同之處，跟對方說「不是喔，這跟我說的不太一樣」，很可能會引起對方反感。類比式思考就是在不同的領域中創造出連接點，把兩種不同的人／事物結合起來。

把類比用簡單易懂的形式傳達給別人的表現方法，如果轉換成修辭就是「比喻」。

就這層意義來看，比喻也可說是一種類比。當我們說「那場戀愛就像偶像劇一樣」的時候，在「那場戀愛」與「偶像劇」之間存在著共通點，譬如某種「撼動情緒的意外發展」。

「我們公司根本就是一座動物園。」對這句話有共鳴的人，或許也在「我們公司」與「動物園」之間，找到了某種類似性，譬如「員工形形色色，管理起來很費工夫」。

類比和比喻的手法，也經常用在設計思考上。我也曾上過伊利諾理工學院設計系的「Metaphor & Analogy」這堂課。這堂課的目的，是讓學生在自己的想法中發現類似的事物，並根據這樣的

圖 4-5：伊利諾理工學院「Metaphor & Analogy」的教學現場

類似性拓展（類比）發想，或是以簡單易懂的比喻，表現未知的創新想法。

當時老師給我的第一項作業是「比喻狩獵」，也就是在路上尋找各式各樣的比喻，並且拍成照片。我們周遭的車站海報或是電視廣告等，就經常使用比喻。畢竟商業的本質，就是把商品與服務的概念傳達到社會上，藉此說服顧客，並促使他們採取行動，所以使用比喻的手法或許也不足為奇，但如果走在路上時沒有特別留意，比喻出乎意料不容易發現。

而創造比喻的能力、看穿其背後的類比的能力，在重組想法時，具有關鍵性的力量。

雅虎策略長安宅和人曾說過：「優秀的行銷人員，有能力發現看不見的連結。」這也可說是透過類比培養出來的能力吧(2)。

舉例來說，假如試圖重新定義「網路」相關意象的人，想出了「網路是佈滿全世界的巨大蜘蛛網」這樣的類比。那麼在這種情況下，關於網路的構想重組，就無法如期待般進展。這種類比思考的結果，反而會出現「想要纏繞參與者的捕食者」或是「躲在暗處監視」之類的既定印象。

但另一方面，如果選擇「網路是一個生態系」這樣的類比，就有可能發展出稍微不同的想法。生態系雖然也有「弱肉強食」或「適者生存」等殘酷的一面，但比較好理解成「創造出彼此的價值，促進長期繁榮發展的場所」。

這麼一來，在思考策略的時候，就能跳脫過去那種「爭奪市佔率」的框架，產生「競爭者之間需要什麼樣的條件才能共生」的全新想法。

接著為各位介紹 BIOTOPE 的具體案例。那是 BIOTOPE 與獨立設計事務所 NOSIGNER 聯手為「山本山」重新打造品牌時的經驗。說到「山本山」，很多人都會聯想到「海苔老店」，但這個計畫卻以回歸該公司的祖業「日本茶」為主題。「該怎麼做才能讓平常不會用到茶壺的平成世代開始喝

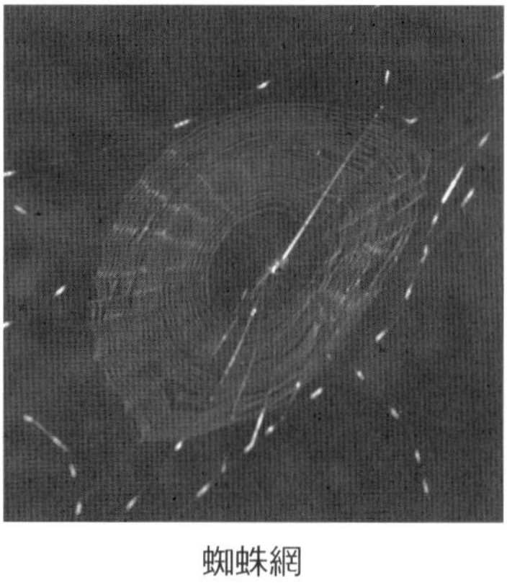

蜘蛛網

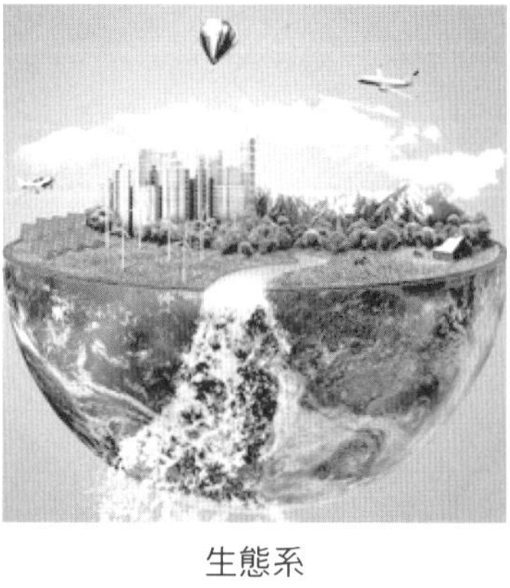

生態系

圖 4-6：選擇哪個當成類比的「來源」呢？（右圖©sveta/stock.adobe.com）

日本茶呢？」——我們在思考這個策略的時候，參考的就是與「紅酒」的類比。

我們將「喝日本茶」的行為，定位成「像紅酒一樣，可以享受產地與年份差異的質感體驗」，並依此開發出適合現代生活型態的全新日本茶品牌。這樣的類比，未來在需要前所未有的觀點的創造現場，將成為非常有力的武器。

促進「類比認知」的3個檢查重點——重新建構的步驟②

在看不見「答案」的現代，大家正逐漸改變對類比式思考的看法。因為在面對還不清楚真面目的課題時，根據已知資訊推測未知事物的類比式思考，發揮了極大的效果。《人類大歷史：從野獸到扮演上帝》（天下，２０１４）在全球掀起話題，或許就在於作者以ＡＩ時代為前提，把我們人類重新解釋成「猴子」的一種，並對讀者拋出其他種類的「猴子」也可能如人類般存在的可能性。在看不見答案的時代，像這樣的類比，更具有強烈的說服力。

而類比式思考對於以「漫想」為起點的漫想思考而言，也是重要的切入點。因為呈現個人觀點與理想的漫想，就目前尚未實現的這點來看，正是一種「未知的事物」。在根據個人特質將漫想的內容精緻化時，類比可說是不可或缺的過程。

我自己從以前就對於以類比為基礎的思考，抱持著難以言喻的憧憬。就典型左腦思考的我來看，在討論或聊天時，能夠立刻想出「絕妙比喻」的人，實在令人羨慕不已。我第一次去設計系上「Metaphor & Analogy」這堂課時，也不由自主地感到緊張興奮(3)。

不過，就結論來說，類比式思考並非「有天分的人才具備的超能力」。只要依循正確步驟，不需要耗費太多苦心也能學會，是一種極為基礎的方法。妨礙我們以類比式聯想發散思考的因素有下列3點。

類比式思考的障礙物① 沒有掌握目標組成要素

聯想不到適當的類比時，多半是因為沒有釐清做為目標的發想或問題的構成要素。舉例來說，在想到「我們的公司是動物園」這樣的比喻之前，必須先將「我們的公司」分解成「員工各具個性」、「管理起來相當辛苦」、「大家一直提出要求，很囉唆」等要素才行。

只要把構成要素確實呈現出來，就很容易發現比喻所需的「類似性」或「共通點」。關於這點，前面說明過的「叛逆鬼畫布」就是個有效的工具。

類比式思考的障礙物② 挖掘出的來源太少

即使釐清了目標的構成要素，如果與之連結的已知事物（來源）太少，也無法找到類似之處。說得更白話一點，進行類比式思考必須「挖掘出」一定程度的知識或經驗。

實際上，從腦科學的角度分析類比式思考，就會發現這當中產生了「存取過去的記憶，找出與這些記憶之間的新連結」的認知過程(4)。就這層意義來看，有了一定程度的年紀、累積了豐富經驗的人，創造類比的能力也會更好。但如果只是以前學過、體驗過許多事物，對這些事物卻沒有結構性的理解，也很難想到嶄新的類比吧。

如果想要彌補這種「來源

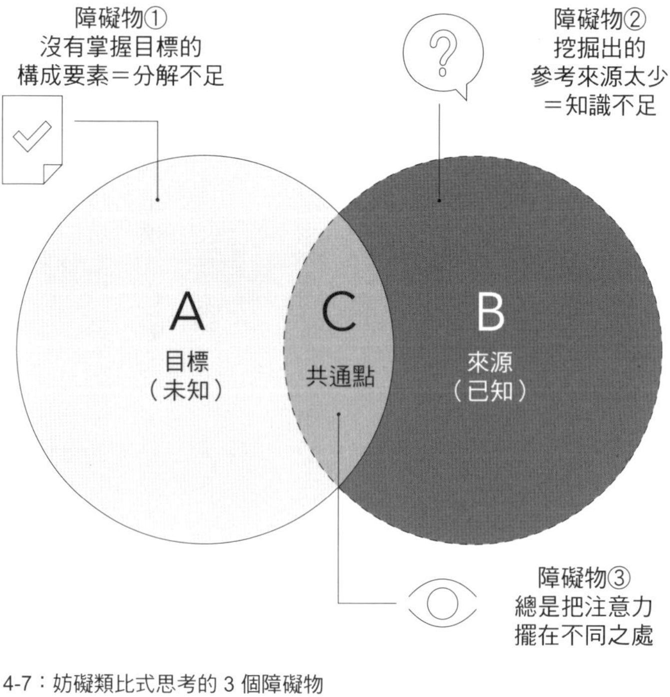

圖 4-7：妨礙類比式思考的 3 個障礙物

不足」的問題，就必須拓展來源，譬如不要只跟公司的同事或家人相處，也要積極與不同領域的人對話。此外，接觸各式各樣的藝術作品、娛樂等也是有效的方法。事實上，大腦無法區別透過小說得到的虛擬體驗與現實體驗，所以也有研究顯示：體驗故事中的情節，也能提高大腦的類比能力(5)。

此外，還有一種更簡單的「特效藥」，那就是「視覺要素」。譬如在工作坊之類的場合，如果希望參加者體驗類比式思考，可以大量準備各種不同領域的雜誌，透過翻閱雜誌帶來的視覺刺激，更容易引起「這個與那個很像」之類的發現。類似這種使用「刺激物」的方法，或許也有一試的價值。

類比式思考的障礙物③

總是把注意力擺在不同之處

類比思考不可缺少類似性的發現，但我們平常往往會把腦力花在找出「差異」，不習慣尋找「相似之處」。尤其在大腦開啟L模式（語言腦）的時候，更是會想要找出不同的地方。

開啟R模式（圖像腦）的開關時，可以把目標與其構成要素視覺化，掌握其大致狀況。實際上有一種稱為「視覺類比（visual analogy）」(6)的領域，而我也曾自己做過藉由刺激視覺，尋找「類似事物」的訓練。在來源的部分也加入視覺要素，就會比較容易把注意力擺在「類似之處」，譬如收集照片製作拼貼、準備「照片種類豐富、數量較多的雜誌」之類的刺激物等等。

秘訣：類比速寫

使用類比方式重組想法時，首先可以試著把注意力擺在透過「叛逆鬼畫布」分解出來的幾個構成要素，從中尋找「類似的事物」。舉例來說，如果有個構想是「在公共空間也不用拿下來的耳機」，可以把其構成要素如「在公共空間也能戴在身上的東西」、「戴在頭上的東西」等當成線索，尋找類似的事物。下圖最後找到的比喻是

「帽子」或「髮箍」。

接著再回到目標，以來源為起點進行類比式思考，譬如「如果有外形像髮箍的耳機，會怎麼樣呢？」、「像帽子的耳機有什麼功能呢？」等等。如此一來，構想的「深度」與「廣度」都會擴大。

這就是「重組」。為了讓原本單純只是「主觀性漫想」的事物，轉變成為「具有原創性的願景」，不可缺少這個步驟。使用類比式思考重新整理構想時，很方便「重新建構」

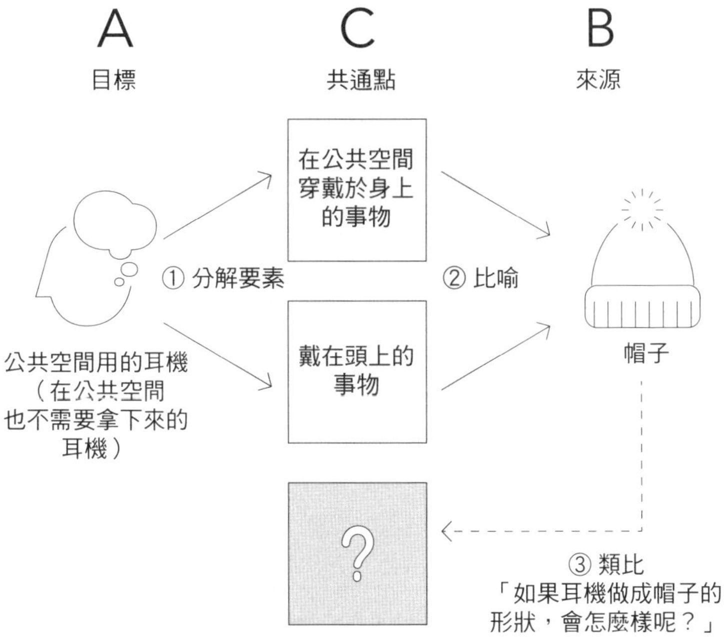

圖 4-8：以類比為線索拓展構想

成視覺的形式。

這時推薦的格式是「類比速寫」。將原本的「漫想」以及與之「相乘」的比喻寫下來之後，接下來只要畫成圖像即可。藉由類比式思考的採用，想必更能實際感受到構想變得更具體、更有獨創性。

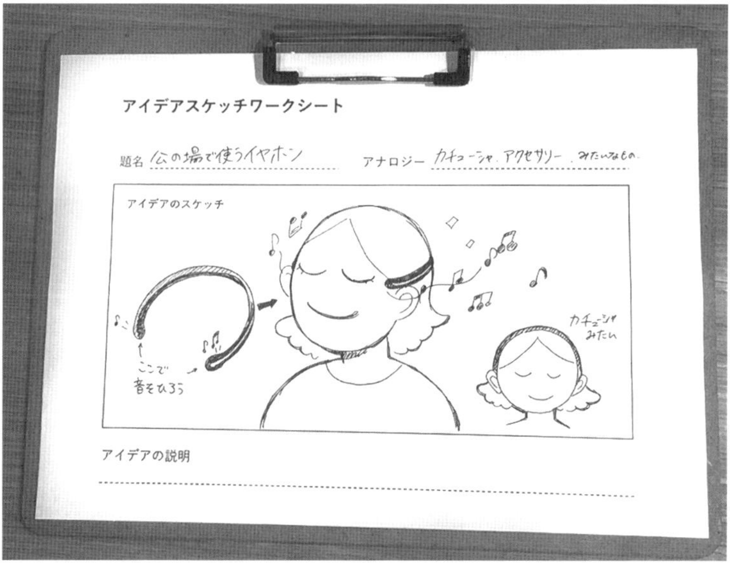

圖 4-9：類比速寫

有「限制」更容易統整——重新建構的步驟③

前面雖然針對使用類比式思考重新建構想法的方式進行解說，但除此之外，還有另一個想要傳授給各位的秘訣，那就是「決定形式，並且要在一定的限制中統整歸納」。

我曾上過設計系開設的「使用者觀察」的課程。在這堂課當中，老師要求我們將之前針對目標使用者進行訪談時獲得的資訊，寫在便利貼上並貼出來。

我們在做為畫布的模造紙上，貼了一張又一張的便利貼，數量多到讓我不禁暗自擔心：「資訊量好大。真的有辦法『統整』這些資訊嗎？」課堂逐漸進入尾聲，這時講師班恩說道：

「好的，接下來請各位製作傳達資訊內容的海報。限時5分鐘。」

包含我在內的組員都瞬間傻住，面面相覷。到目前為止，我們花在訪談調查的時間，加起來應該超過30個小時。如此大量的資訊，要在短短的5分鐘內整理成海報？雖然每個人都認為不可能，但只能硬著頭皮做。

在慌忙趕工的過程中，我隱隱約約理解了班恩的意圖。在限制時間與形式的情況下，反而更能夠省略枝微末節，只專注在最本質的呈現。

「我印象最深的是這張照片，就擺在中間吧！」「標題就用以前想到的這句話，最好大大地寫在上面！」大家表達彼此的意見，匆匆忙忙整理成海報。就算給我們10倍的時間，也不見得能夠整理出具有10倍價值的想法吧。這堂課讓我們親身體會到，「在一定的限制當中強制發想」反而更能發揮重新建構的效果。

「總之先決定形式」是重新建構最大的訣竅。四字成語或Twitter的140個字的字數規定，雖然看似「限制」，實際上卻成為統整構想時的助力。

反之，最困難的應該是「以任何形式表現都可以」吧？當必須「重組」的構成要素愈龐大，就某種意義來說愈「亂來」的形式愈好。這是創造「重新建構的留白（畫布）」時最大的秘訣。

我與MIT媒體實驗室的副所長石井裕一起工作時，也有過類似的經驗。正當我覺得工作坊的前半似乎累積了大量的考察時，突然被他點名「那麼佐宗，你試著用自己的點子發明一個『四字成語』看看」。

在輸入了大量混和著英語的尖端科技後，突然被丟進「漢字的世界」……我記得自己當時邊冒著冷汗，邊死命編出了4個漢字。

附帶一提，我經營的 BIOTOPE 的品牌手冊以「美生東風」為題，就是以當時的經驗為靈感編出的四字成語。意思是把企業或組織當成生命體，像東洋醫學一樣改善整個世界的連結，藉此創造出原本在世界中流動的美——我把自己的思想，全部融合進這四個字裡。

秘訣：一口氣統整想法的各種「VAK」強制發想法

要獨自實踐強制發想法，訣竅就是：要先想好「要限制哪方面」。

最簡單的限制是「時間」。譬如打開手機的計時器，規定自己「在10分鐘以內畫出類比速寫」或是「在3分鐘以內想出標語」等等，自行決定重新建構的時間。規則請盡可能確實遵守，設下條件如「如果超過限制的時間，這天就不能再思考這個構想了」等等。

此外，規定呈現的方式也是一個方法。推薦可以試試看下列方式。

□製作廣告海報
□租借畫廊，展示藝術作品
□只靠插畫表現
□剪下手邊的雜誌製作拼貼

不只是「視覺」，「體感」也該好好利用。在團體形式的工作坊中，也有經過一定時間的腦力激盪後，把構想的世界「演出來」的練習。舉例來說，如果有某項產品的構想，就把這項產品的使用者有什麼樣的體驗編成1分鐘左右的短劇。

不過，如果要把發散的資訊一口氣壓縮，還是沒有其他形式能夠勝過語言。尤其

「取名字」這個行為具有重大的意義，這也是所謂的「聽覺」練習。「漫想」可說是在擁有名字的瞬間才轉變成為「構想」，開始存在於這個世界。但是在寫成語言時，最好設定字數限制。

□想名字
□製作新聞稿（最好連在社群網站上分享時的發文也一併提供）
□將概念整合為自己原創的四字成語
□把概念整理成一張投影片
□想出一行標語
□用七字對聯的形式傳達魅力

如果想要在平常就鍛鍊這樣的能力，或許也可以利用 Instagram 之類的社群軟體。譬如我自己就曾經玩過「IG俳句」，規定自己在 Instagram 上傳照片時，要加上5個字、7個字、5個字的俳句形式標籤。俳句、成語、五言絕句、七言絕句，甚至對聯都行。在日常生活中進行這樣的練習，就能磨練將眼前繁雜的資訊，進行一定程度重新建構的「比喻力」。請務必試著養成把思考當成遊戲的習慣，設定自己也覺得有趣的規則限制。

圖 4-10：IG 俳句

NOTE

（1）Nagji, B., & Walters, H. (2011). "Flipping Orthodoxies: Overcoming Insidious Obstacles to Innovation: Case Study." *Rotman Magazine*, Fall 2011, 60-65.

（2）日本雅虎安宅和人談論「在『濃縮』與『鬆弛』的夾縫中誕生創意」（【特別對談】Yahoo!安宅和人×入山章榮×佐宗邦威：後篇）Biz/Zine [https://bizzine.jp/article/detail/1688]

（3）「Metaphor & Analogy」是設計系學生在畢業前必修的超人氣課程。這堂課在我隸屬的課程中不算學分，所以我每次都是去旁聽，實際上我很慶幸自己當時這麼做。這堂課就是如此強大。

（4）Bar, M. (2009). "The Proactive Brain: Memory for Predictions." Philosophical Transactions of the Royal Society B: Biological Sciences. [https://doi.org/10.1098/rstb.2008.0310]

（5）Oatley, K. (2016). "Fiction: Simulation of Social Worlds." *Trends in Cognitive Sciences*, 20(8), 618-628.

（6）我在學習類比式思考的時候，近乎飢渴地閱讀了下列這本書。這雖然是1978年發行的

舊書，但卻是透過世界上相似事物的視覺對比，邀請讀者進入類比世界的名著。▼松岡正剛《相似律（「遊」1001）》

第 5 章

不「表現出來」就不算思考！

Output First

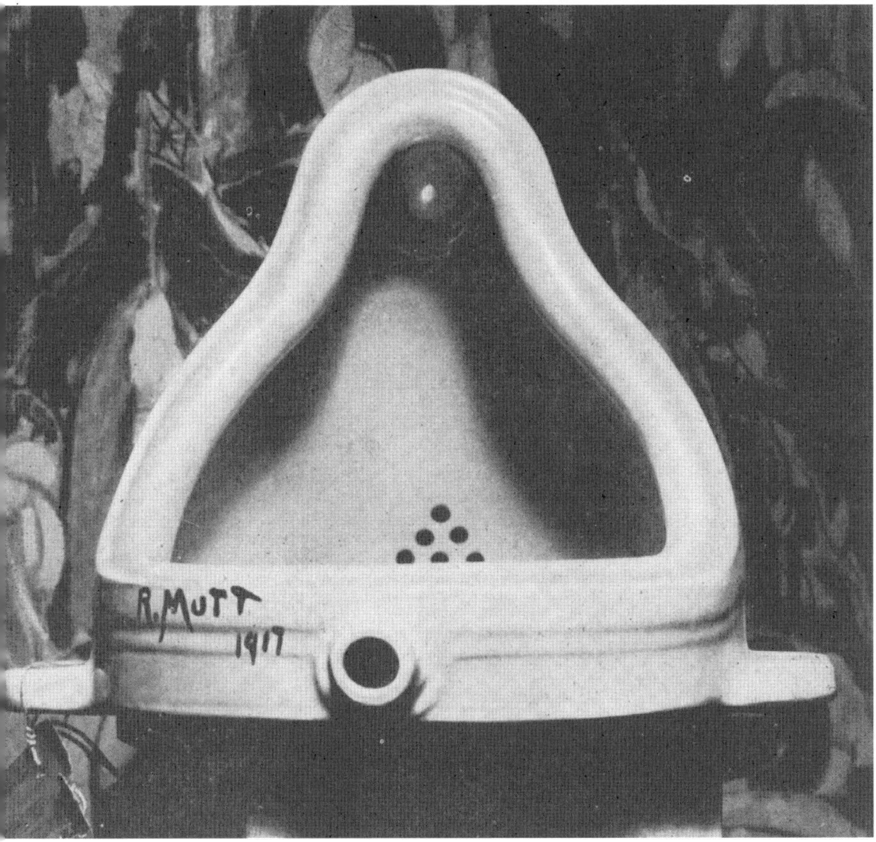

《噴泉》（馬歇爾・杜象）──被譽為「現代藝術之父」的杜象，只在小便斗上簽個名就當成作品展出，藉此重新叩問藝術的概念。他的行為顯示，藝術不只是表現技法的優劣，更可根據文化脈絡，呈現不同的社會議題。

誰的工作不是在「表現」？

「你是在『現』嗎？」——被別人這麼問，能坦然回答「沒錯，我是在現！」的人，應該不多吧。就算平常有在玩Twitter、Facebook或Instagram，也多半都會謙虛地說「沒有到『愛現』的程度啦」。尤其身為一名上班族，習慣以「他人模式」度過一整天的多數時間後，更會開始覺得「自己與表現無緣」。過去的我也曾是如此。

我在寶僑擔任行銷人員時，負責「風倍清（Febreze）」消臭劑的產品行銷。在行銷方面徹底採取資料驅動的寶僑，會收集、分析有關風倍清使用者的年齡層、所得層、家庭組成、居住地、生活型態等大量的資料。

雖然「噴一下風倍清（ファブリーズする）」這句廣告詞在現在的日本已經擁有一定的知名度，但當時風倍清的課題，還停留在「如何把認知從『家庭主婦』擴大到『父親與孩子』」的階段。當時我們必須讓消費者知道，這項商品也能使用在牛仔褲、西裝、體育社團的鞋子、棒球手套等男用服裝上。

於是我們透過定量資料，分析出尚未觸及的消費族群，以及風倍清能應用到的日用品，決定目標客群的優先順序。

我們根據這些資料所做的努力，最後只呈現在委託廣告公司製作的15秒電視廣告而已。我們把自己整理的報告交給廣告公司的創意團隊，而他們則在幾天後帶來分鏡圖，整理出廣告用的故事。

換句話說，雖然我是行銷人員，但我的工作中幾乎沒有任何創意要素。當時的前輩，或許看

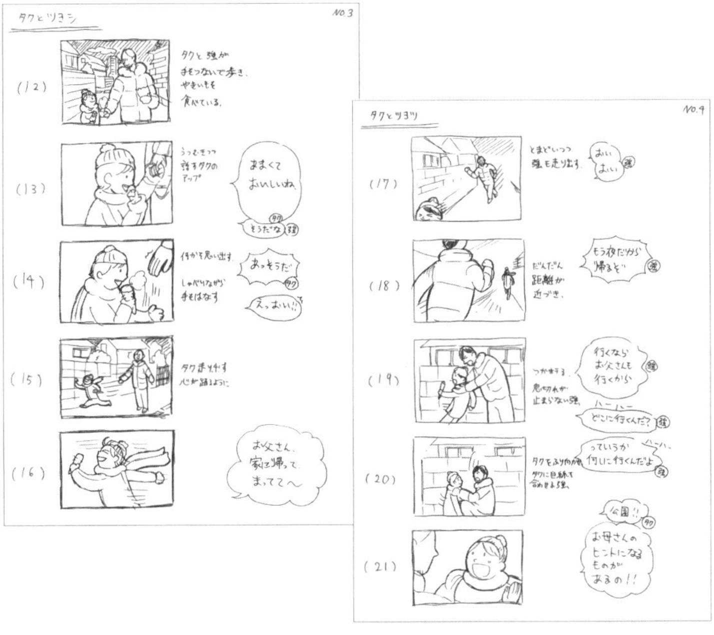

圖 5-1：電視廣告的分鏡圖（示意圖）

出了還是行銷菜鳥的我表情不太服氣，給了我這樣的建議：

「佐宗老弟啊，我們不應該對廣告表現說三道四，因為行銷人員的工作最多就是擬定策略，至於思考廣告的創意，就是創意工作者的事情。我們不能忘記那條界線。」

根據前輩的說法，我對廣告公司而言是客戶企業的負責人，即使我隨便發表意見，廣告公司也必須聽進去。但若因為反映客戶的意見，而導致廣告故事變得亂七八糟，就得不償失了。所以大家「各司其職」，關於廣告表現問題，基本上應該交由廣告公司全權處理。

那次事件學到的事情，長久以來已經根植在我的腦海裡。我至今也依然覺得在某方面而言，這就是真理。除非從事創意類型的工作，否則在職場上應該專注於「表現的前置作業」。如果被問到「你在『現』嗎？」卻無法立刻回答「是」的人，想必也抱持著同樣的想法。

仔細想想，這才是我們必須破除的最後封印。我們通過了漫想↓知覺↓重組這3個步驟，來到「漫想工作室」的最後一個房間，但我們不能就這樣停在「表現的前一步」。跨出這一步絕對不難，我們不需要對「表現」這兩個字感到畏懼。因為在至今為止的過程中，大家幾乎都已經做好「表現」的準備。

接下來只要再稍微下點功夫就夠了。本章將針對這點進行說明。

疊代（反復）是「用手思考」的關鍵

剛才我把「表現」定位為漫想思考的「最後一步」，但希望各位不要忘記，漫想、知覺、重組、表現終究是個「循環」，每個步驟都只是「圓環」的一部分，尤其表現既是「終點」也是「起點」，甚至可以說「所有的漫想思考都從表現開始」。

首先請各位看看下一頁的速寫。這是個人電腦之父艾倫・凱（Alan Kay）在構思

「Dynabook」時所畫的速寫。他連使用者的行為也一併畫下來，看起來幾乎和使用 iPad 之類的平板電腦時一模一樣。驚人的是，這幅速寫完成的時間是1960年代。由此可知，平板裝置之類的「漫想」，早在很久以前就被構思出來了。

在此希望各位再次回憶一下「邊動手實際製作邊思考」的建構主義思考法。如果採取這樣的思考法，在發想剛開始的時候，首先輸出的不是條列式筆記之類的文字，而是具體的物品。像這樣透過試做品（原型）淬鍊構想，同時朝著實現邁進的手法，就稱為「原型試做（prototyping）」。

若與一般透過專案實現想法的過程比較，就能發現原型試做的「時間分配方式」明顯不同。我用左頁的圖表呈現出兩者的差異，橫軸是時間，縱軸則是輸出（表現）的完成度。

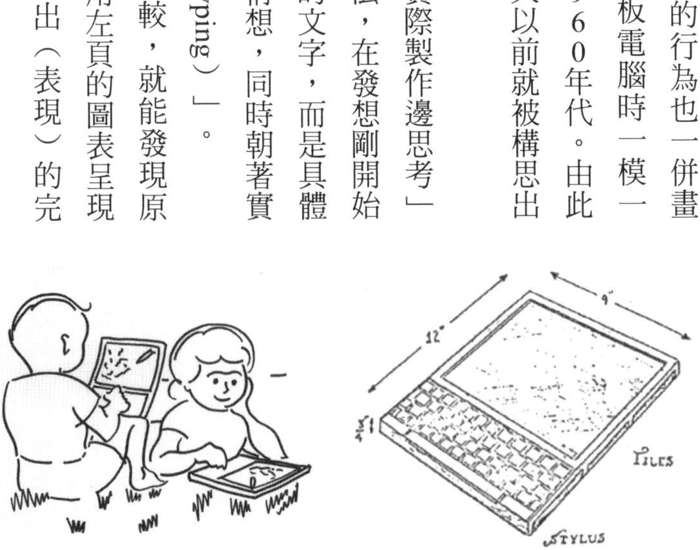

圖 5-2：原型的速寫（艾倫・凱的 Dynabook）[1]

就如各位所見，在原型試做法中，第一步是製作具體試做品的「表現」。接著把成果擺出來進行討論，再度製作出完成度更高的原型。

原型試做的重點在於，能夠在被賦予的時間裡，重複多少次「具體化→回饋→具體化」的過程。這樣的反復稱為「疊代法（Iteration）」。這也是同時活躍於媒體藝術領域與創業領域的筑波大學副教授落合陽一經常使用的詞彙，「疊代法」對創作者而言似乎

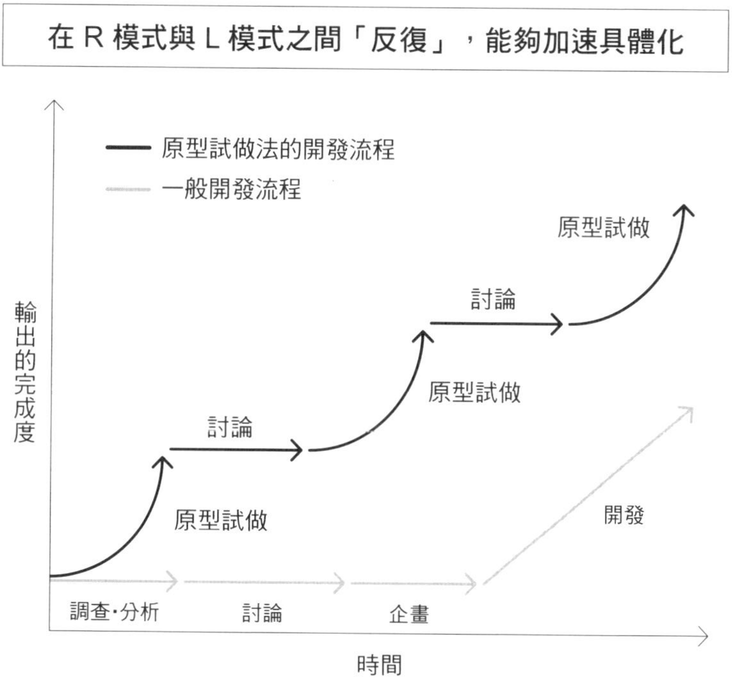

圖 5-3：採取原型試做法的開發流程，輸出的完成度較高

是基本動作。

相較之下，如果把注意力擺在一般的開發，就會發現具體化的步驟不僅被擺到最後，而且根本沒有分配到多少時間。投入的資源反而偏重於製作之前的調查、分析、討論、企畫等L模式的步驟。

我們工作的方法往往會有這種傾向。過去總是因為企畫難以成形而在電腦前面焦慮的我，就是採取這樣的時間分配。

提早失敗就是搶得先機——「鳥眼」與「蟲眼」

在設計系學到的原型試做法，徹底改變了我的工作方式。如果是在一個禮拜後截稿或交稿的案子，我會在第一天就手工繪製簡單的試做品，隔天立刻拿給上司或客戶看。因為我能夠在與他人的交談當中，透過「鳥眼」模式宏觀檢討自己的試做品，鎖定應該修正的部分。而後再度回到「蟲眼」微觀單獨作業，稍微提高完成度。一個禮拜之後，在這樣的反覆修正當中誕生的最後成果，首先就不可能偏離客戶的需求。

下方照片是我製作某張海報的素材。我一開始先做了3張不同的簡略手工草圖（照片左側）。而後與團隊成員討論，決定方向性，具體做出完成度更高的版本（照片右下），接著再度取得回饋。當時我有三個禮拜的時間，但在做出最終成果（照片右上）之前，總共經過了2次疊代。

大家看到這裡應該已經知道，試做原型的第一個方法就是「可以提早失敗」。如果在製作這張海報時，我沒有

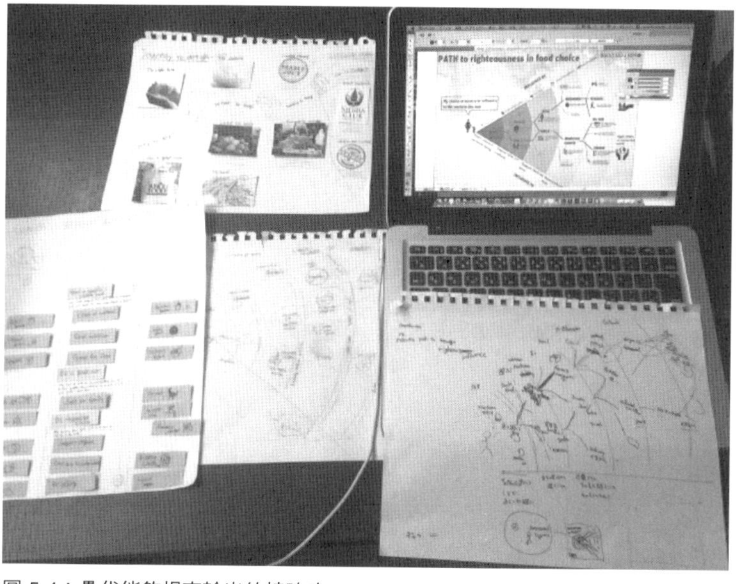

圖 5-4：疊代能夠提高輸出的精確度

找任何人討論，先在電腦前面仔細思考再動手，會發生什麼事呢？我說不定會選中其中一張這次被淘汰的手繪草稿。然而，因為我尋求回饋，這次被淘汰的兩個方案才能「提早失敗」。

實際上，在商品開發之類的第一線，或許反而經常發生「失敗來得太遲」的例子。尤其現在的時代變化速度太快，有時先做好綿密的調查，經過好幾個月的反覆開會，終於完成設計與材料採購，結果卻聽到「這樣過氣的商品到底還有誰會買呢？」這樣的意見，但既然都到了這個階段，製造也不可能喊停，導致即使勉強推出產品，最後也經常都賣不出去。這就是「遲來的失敗」。在不可預測的VUCA時代，「如何提早失敗」顯得至關重要。

「速度」才能提高「品質」

原型試做法的優點不只這些。在P.227的圖當中，，比較「一般流程」與「原型試做法流程」，可以發現後者的最終完成度較高。事實上，經歷「具體化→回饋→具體化」的疊代的過程，確實更容易提高作業的品質。

大家聽過有名的「棉花糖挑戰」遊戲嗎？這個遊戲的規則是3～4人一組，在有限的時間內，只使用棉花糖、義大利麵與紙膠帶，盡量搭出「最高的塔」。研究者比較了各種團體在這個遊戲中的表現（塔的高度），結果建築家與工程師的團隊、經營者（CEO與公司負責人等）的團隊不出所料分居一二，但排名第三的竟然是「幼稚園小朋友」。即使是經營公司的人，如果團隊只由CEO組成，甚至還會輸給小朋友們。律師與MBA學生的結果更是淒慘無比。

在這個實驗中，小朋友們將「邊用手思考邊玩」的能力發揮到淋漓盡致。他們在遊戲一開始，就隨心所欲開始動手，透過反覆的嘗試，發現「什麼樣的結構才能讓塔變得更高」。相較之下，MBA學生組成的團隊，則從構思策略開始，考慮了各種各樣的可能性後，才終於在最後的1～2分鐘開始動手，最後卻某個部分發生了意想不到的問題，導致整座塔在時間所剩無幾的情況下倒塌。但事到如今他們已經沒有任何替代方案，時間就在結構物還非常不完整的情況下告終。

我也曾在工作坊中，請參加者「使用眼前的樂高積木，盡可能做出最高的結構物，限時30秒」。結果幾乎所有人都立刻啟動L模式，把時間花在思考「該怎麼做才能使結構穩定？」或是「底座的部分做成這樣好不好呢？」等等。但這個課題的「正確答案」卻是，什麼都不想就動手把直方體的樂高積木垂直往上堆。樂高接合的部分出乎意料地牢固，30秒左右的堆疊量，並不會使積木因為自己的重量而倒下。

幼稚園小朋友因為邊動手邊思考，所以比精英更具創造力

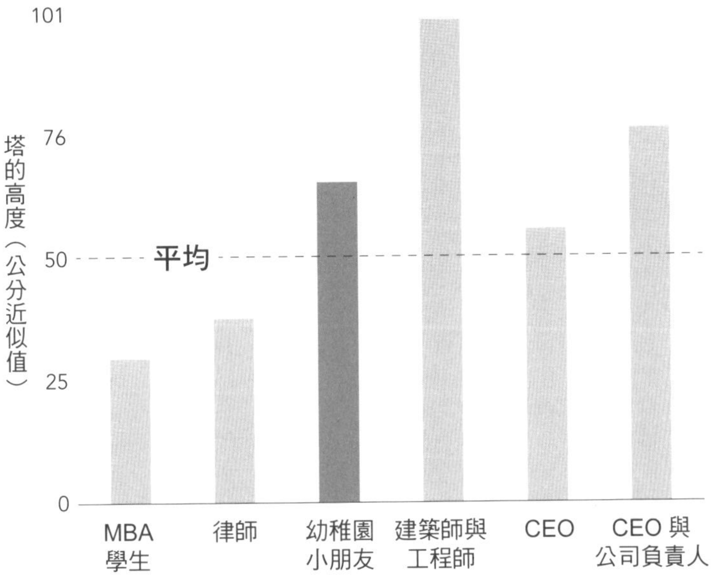

圖 5-5：你的創造力高過 5 歲幼兒嗎？(2)

學術上也針對原型試做法對表現帶來的影響進行驗證。加州大學聖地牙哥分校的認知科學家史蒂夫・陶（Steven Dow）將受試者分成A、B兩組，請他們製作「能夠接住掉下來的生雞蛋，且不使雞蛋破裂的籃子」。A組的人允許製作試做品，而且能夠根據試做品反覆改良，B組則被要求只能根據設計「一決勝負」。結果A組做出來的籃子，可以接住平均從6英尺高處掉下來的雞蛋也不會把雞蛋弄破，但B組的籃子只能接住從3・5英尺處掉下的雞蛋(3)。

希望各位務必記住，如果可以，把時間花在「動手」而不是「動腦」，才更容易提高表現的品質。

我將「表現」當成漫想思考的步驟之一探討，但各位透過到此為止的討論想必已經知道，這裡的「表現」，指的不一定是製作最後的產品或作品。表現不是終點，而是手段，我們能夠從表現中獲得有益的回饋或發現，藉此改善下一個版本。就這層意義來看，在漫想思考的世界裡，原則上不可能得到「最終成果」。這裡存在的只有總是等待「更新」的試做品，換句話說就是「永遠的β版」。所謂「踏出表現的那一步並不難」正是這個意思。旅途將會持續下去，宛如人生本身。

那麼，我們在實際進行「表現（試做原型）」時，該留意哪些事情呢？我們該準備什麼樣的「留白（畫布）」、該破除什麼樣障礙，才能下定決心去表現呢？這裡也有3個該留意的地方。

①賦予表現「動機」
②表現必須「簡單」
③為表現設下「共鳴的機關」

以下將分別進行探討。

妨礙「用手思考」的事物——創造表現的留白①

表現首先需要「建立習慣」以及「賦予動機」。

你現在無法實踐原型思考的原因是什麼呢？理由可能有2個。

第一是你已經習慣了先「動腦」再「動手」的思考方式。其次是你會下意識地避免自己動手、表現給他人看。你必須處理這樣的「習慣」與「意識」。

賦予表現動機的方法 筆記時絕不依賴3C產品

關於表現的「習慣」，每個人都有不同的方法，而我經常建議大家「先不要打開電腦」。

回顧以前的自己，如果當我開始想企畫時面對著電腦，就會變得完全無法動手。我發現如果對著全白的投影片畫面打字，我自己完全不會對構想感到興奮。但是時間有限，只好想辦法至少在形式上做得像企畫書，並拿給上司看。上司的反應當然不太好——我曾以為製作企畫書就不斷重複這樣的過程。

但原型思考的基礎是Build to Think，也就是「動手思考」。因此在開始思考的時候，最好擺脫打開文書處理軟體的慣性。各位讀者，請先培養看看從手寫開始的習慣吧！

手寫的時候不要只是條列出文字，也可以畫成圖表或插圖的速寫，此外也請使用便利貼等，做成可動式筆記（P.190）。總之先動手，不要想得太深入，畫完之後再重新瀏覽草圖，做成「完稿」更好。最近愈來愈多大型企業的新事業部門，開始使用存入平板的手繪圖筆記。

儘管如此，多數職場還是不可能提出「手寫」的最終文件，必須將手寫筆記重新整理成數位形式。但這正是手寫的另一個好處。如果先從手寫開始，就自動提供了「先手寫再淬鍊成數位形式」的疊代過程。這也可說是間接創造了某種留白。

賦予表現動機的方法　創造「不得不輸出的狀況」

壓抑表現動機的最主要原因，或許是恐懼與缺乏自信。這是亞洲人尤其常見的傾向，最常發生在長久以來都在追求正確答案的高學歷精英身上。換句話說，他們都有「不把成果修飾到完美，就無法拿給別人看」的完美主義心態。

這些人極度恐懼自己提出的想法得到負面回饋，有時候甚至會因此給出憤怒或沮喪的反應，讓人懷疑否定他們的想法，是否相當於否定他們的人格。在工作坊之類的場合解說原型的概念時，我也時常會面對一定程度的反駁。對於有「回饋恐懼症」的人而言，「做出不完美的作品，還拿給別人看」，想必是難以想像又相當羞恥的一件事情吧。

就算是我，也會因為想法得到別人的稱讚而開心，如果遭受批評則會沮喪。這是很正常的反應。

即使如此，我依然選擇了原型試做法，因為剛開始只顧著動腦，直到最後才做出馬馬虎虎的成品，更讓我覺得「羞恥」。與其這樣「大出洋相」，在更早的階段就主動呈現「充滿吐槽點的試做品」，多經歷幾次「小小的出糗」，受的傷害不是更小嗎？這或許是價值觀的問題，我不打算強迫各位接受我的想法，但我覺得「想要保護自尊心的人」、「其實非常膽小的人」，更需要採取原型試做法。

如果像這樣轉換發想能夠有效抵銷負面動機，那麼需要什麼樣的行動才能促使自己更加積極地「表現」呢？

前面已經提過，原型思考能夠提高輸出的品質，但想必很少人只是因為知道這點，就能抱持著想要嘗試看看的動機吧？能不能實踐「總之先動手」、「從表現開始」，主要看的終究還是「強制力」的有無。換句話說，只要創造出不得不這麼做的狀況，就能主動產生試做原型的動機。

最快的方法應該是「與他人約定時間」。前面已經介紹過「與親密好友約定好，把某天訂為『一年一度回顧日』」等等方法（P.122），像這樣把他人捲進來，我們也會產生「必須努力」的壓力。

此外，也可以和公司的前輩或上司商量「我個人有東西想請您看一下，下週三晚上6點，可以給我15分鐘的時間嗎？」或者參加公司外部的學習會。除此之外還有比稿、展示會、發表會等等，想要事先決定好作品亮相的時間與地點，方法要多少有多少。

實際觀察擅長安排時間的人，你會發現，他們在企畫做到某種程度的階段，就會先決定「展現成果的截止日期」，巧妙地為團隊力量施加壓力。

設定短期目標後，就會大幅提高對具體化的迫切感。其原理就某部分來說和強制決定輸出的形式有共通點，就像我在介紹重組的重新建構時也提過的「原創四字成語」的創造過程。

以我自己為例，我過去雖然思考過很多事情、也把很多內容寫進部落格裡，但如果出版社沒有向我積極提議「把這些內容整理成書，在這個時間出版」，我想就無法做到這樣的成果吧。

我們不能只是被動等待「動手」的動力自動產生。如何策略性地創造出不得不動手的狀況，才是關鍵。

秘訣：漫想藝術作品展

如果想要提高表現的動力，請召集夥伴，決定將表現自己漫想的作品「展示」出來

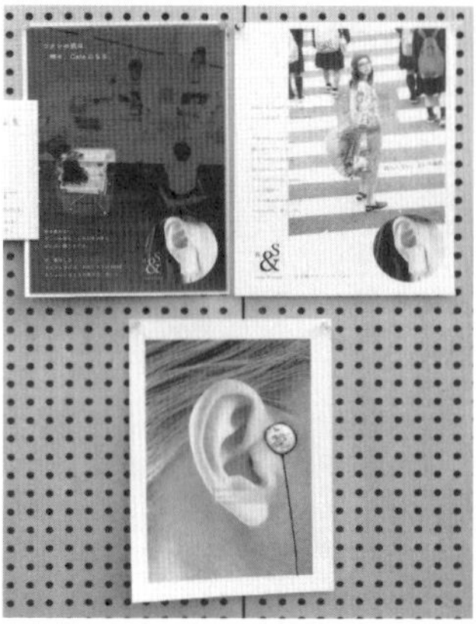

與外界連結的耳機

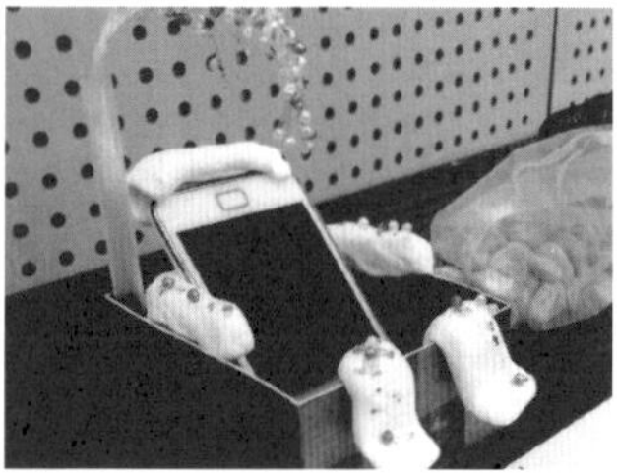

想讓手機休息的充電器

出現在空白畫布上的提問

LOCAL GOOD

覆蓋薄膜的放鬆空間

結束後舉行的短評會

圖 5-6：打造表現的平台（京都造型藝術大學舉辦的「我們的未來展」）

的日期。就算同伴不多也沒關係。

經過漫想↓知覺的輸入過程，進入到重組↓表現的輸出階段後，通常對自己的輸出就會更加焦慮。這就是所謂「難產」的階段。若成功克服這道難關，「創作模式」就會降臨。這時就算不怎麼休息，雙手也會不斷地擅自動作吧。這就是「心流狀態（Flow）」。設定「把構想展現給別人看」的具體目標，為自己製造一點壓力，更容易開啟心流狀態的開關。

我在京都造形藝術大學開設的一連串課程的最後一堂課，舉辦了名為「我們的未來展」的展覽。各個學生將構想打磨成「一件作品」輸出，而我就透過這個展覽，為學生打造能夠針對彼此的作品給予回饋的平台。對於渴求表現的漫想表現者來說，向別人展示認真表現的作品是比什麼都寶貴的機會。在這裡得到的正面評價與讚賞，給予他們難以取代的動力，幫助他們今後繼續攀登「人生藝術山脈」。

徵詢意見的「易懂性」——創造表現的留白②

提早接受小失敗，避免陷入完美主義，在試做原型時是基本中的基本。但意思並非「只要根據自己的想法表現即可，不管做成什麼樣子都沒關係」。因為我們製作雛形的目的，是挖掘旁人有益的回饋，將構想打磨得更成熟。原型試做的成功與否，可說是取決於能從對方之處獲得多少「有助於下次改善的意見」。

評論最初原型的「人」尤其重要。因為在最初階段，在討論建議是否準確之前，對方是否能夠確實理解你的構想，給予你正面的反應，更是不可或缺。原型的好壞，除了取決於表現的完成度之外，更在於能否提高對構想的「自信」或「手感」。回饋的第一步，必須確實醞釀出這樣的自信。

「如果想到好的點子，務必先說給會稱讚你的人、喜歡新事物的人、配合度高的人聽。」

這是SONY時代的前輩給我的建議。我想，在這間公司裡想到有趣點子的人，都下意識地執行這項原則吧。漫想也好、願景也好、創意也好，在剛有模糊概念的時候，如果不培養出對這個概念「自信」，就不可能採取之後的行動。所以必須慎重選擇「第一個回饋意見的人」。

現在回想起來，我能夠正式往策略設計的領域邁出第一步，也多虧了那些聽到我粗糙模糊的漫想時，就給了我很棒回饋的人。其中一位是以提倡U型理論而聞名的MIT教授奧圖・夏默（Otto Scharmer）。我在美國留學時，透過許多人的轉介與夏默教授取得聯繫，前去拜訪他。

夏默老師在除了我們兩個人之外沒有其他人的MIT大教室裡，仔細聽我談論自己的「漫想」。最後他對我說：「我想這一定是對的，接下來只要試著去做就可以了。」我一聽到這句話，心裡那個相信自己漫想的「開關」就打開了。

我很慶幸自己能在漫想剛萌芽的階段就遇到夏默老師。在恰到好處的時機，被人從背後推一把的經驗，一輩子應該沒有幾次。這種人就是所謂的「貴人」。你的身邊有貴人嗎？又或者別人來找你商量時，你能夠成為他的貴人嗎？你能對他說

「這是對的，去試試看吧」嗎？

「選擇」幫自己看原型的人固然重要，但你也不可能連對方的反應都控制。就算你以為這個人會鼓勵自己，也可能意外地得到尖銳的批評，又或者你也可能無法順利表達自己的想法。

這時候，身為表現者能夠控制的，除了構想的品質之外，就是「讓對方確實理解構想」了。除非對方「理解」原型想要表現的概念，否則很難提高回饋的品質。

但我也無法建議你「說明必須詳盡」。理由很簡單，因為對方很忙。我在賦予表現動機時，雖然提過跟別人約定時間是確保「留白」的有效方法，但反過來看，表現也是「佔用別人時間」的行為。所以必須考慮如何在這樣的限制當中，讓別人理解自己的想法。接下來將介紹2個有效的策略。

簡化表現的方法

準備立刻就能傳達想法的「圖」

把自己的「漫想」或「願景」告訴別人時，首先應該避免依賴「語言」或「文字」。無論這個漫想與你打從心底關心的事物有多大的關聯，都最好先假設對方完全沒有興趣。所以不應該寫成需要逐字閱讀的「文本」，而是應該畫成一眼就能理解的「視覺圖像」。

秘訣：提升記憶力與創造性的「視覺筆記法」

我建議想要提高視覺表現力的人，平常就養成習慣，在筆記中加入「視覺要素」（視覺筆記）。常有人問我「你去設計系上課之後有什麼改變嗎？」而我立刻能夠想到的最大變化，就是「做筆記的方式」。

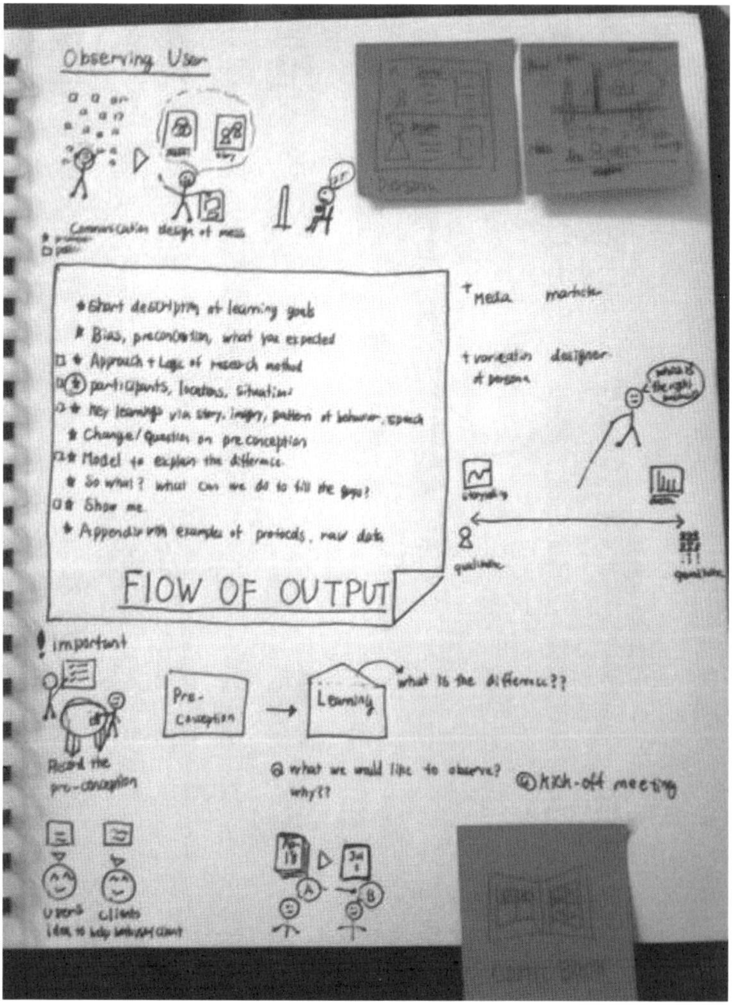

圖 5-7　養成視覺筆記的習慣

我以前做的筆記相當傳統，就是在大學的筆記本上以條列的方式記錄內容。但是伊利諾理工學院的設計學院，鼓勵學生平常就使用大型素描簿當筆記本，而且身邊的學生在課堂上寫筆記時，多數都使用大量的插圖。

我雖然在不清楚用意的情況下模仿他們的做法，卻在過程中發現一件事情。那就是如果想在筆記中搭配視覺圖像，聽課的時候就不能漫不經心。因為如果理解得不夠徹底，就無法畫成圖。所以採用視覺筆記時不得不專心聽

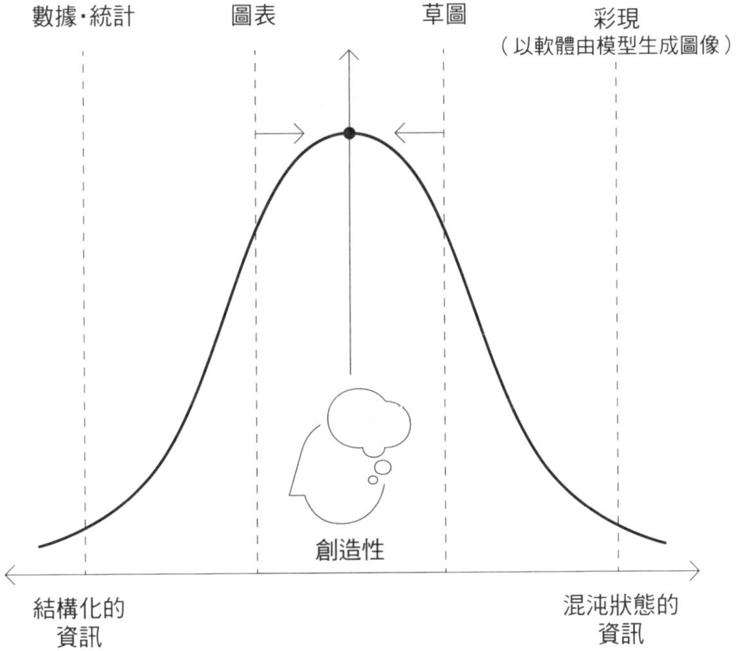

圖 5-8：什麼樣的資訊形式能夠提高創造性呢？（4）

課，大腦自然而然就會全速運轉。結果自從我開始做附上插圖的筆記後，對上課內容的理解度就大幅提高了。關於視覺筆記的效果，實際上也有好幾項研究，譬如知名的塗鴉（doodle）啟蒙者桑妮・布朗（Sunni Brown）就表示「用圖像做筆記的記憶維持率，比用文字還要高29％」（5）。

邊將資訊視覺化邊輸入，這個習慣能帶給「理解」與「記憶」正面影響。養成視覺筆記的習慣，對於輸出的品質也有加分作用。世界級策略設計師，同時也以「USB隨身碟設計者」而聞名的濱口秀司就表示，無論是過於結構化的資訊，還是過於混沌的資訊，都會削弱提高創造性的效果。反而像草圖（手繪塗鴉）或圖表（或「圖解」）這類介於中間的形式，更能幫助人們培養創造力。

簡化表現的方法　建立與對方知識的「接點」

簡化表現的另一道手續，就是在你的漫想與對方具備的知識之間建立「接點」。而「比喻」就是有效的實踐方法。只要在說明當中加入比喻，即使是完全未知的構想，也能促使聽眾發揮類比（類推）的能力。舉例來說，把「觀光資訊網路服務」的原型拿給別人看時，如果對方是出版界的人，或許可以把這項服務比喻為「簡單來說，就是觀光資訊的『圖書館』」，但如果對方是金融業界的人，解釋成「我的構想是打造觀光資訊的『銀行』」想必更能促進理解。換句話說，「比喻」這

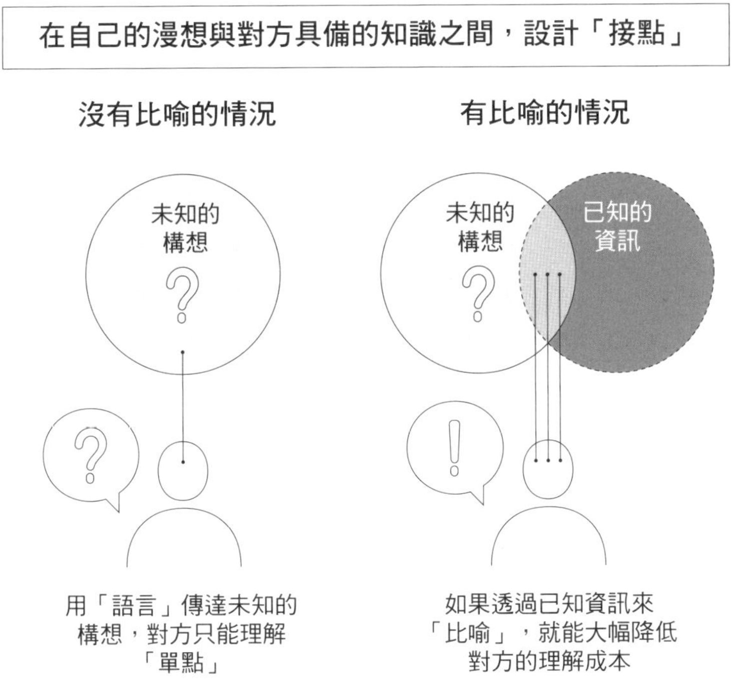

圖 5-9：降低對方「理解成本」的「比喻」

個方法就是配合聽眾客製化的「接點」。

秘訣：促進「類比」的「漫想海報」

只要忠實地實踐到此為止介紹的訣竅，相信各位已經能將「漫想」打磨到一定程度。

☐將漫想視覺化「漫想速寫」（P.165）

↓

☐進行要素分寫「叛逆鬼畫布」（P.197）

↓

☐加入比喻的「類比速寫」（P.210）

經由以上步驟，將漫想的解析度提高成構想之後，終於要試著將構想整理成一張海報了。到了這個步驟，借助電腦或平板等數位裝置的力量已經無妨。請你根據融合比喻的「漫想速寫」，把自己的漫想做成一眼就能傳達的海報。海報中包含的要素請參考下列3點。

□名稱——清楚表達漫想「本質」的名稱
□標語——傳達漫想「魅力」的一句短文
□主視覺——包含漫想「比喻」的視覺要素

除此之外，實際把這個原型拿給別人看時，或許也可以加入包含比喻的說明，譬如「簡單來說，就是像〇〇一樣的××」。如此一來，你的聽眾應該就能克服「理解的第一道障礙」。

某位女性在京都造形藝術大學選修我開設的課程，她經過幾次原型試做後，把自己的漫想「實現隨時隨地都能置身於如咖啡店一般，可以同時聽見吵雜聲與音樂的空

圖 5-10：漫想海報（節選自京都造形藝術大學的課程）

間」做成一張海報。而她想出的點子就是「不需要塞進耳朵裡的帽子型耳機」。

她有設計經驗，所以能夠熟練使用 Adobe Illustrator 之類的軟體，完成質感非常高的視覺表現。不過，剛開始不需要把這樣的完成度當成目標。使用簡報軟體，組合照片與插圖就已經足夠。另外，在瀏覽器上運作的平面設計工具「Canva」免費提供製作海報的功能。完成的海報最後也能輸出成可印刷的ＰＤＦ。

□ Canva｜https://www.canva.com

「打動人心的表現」都有故事——創造表現的留白③

到此為止，已經介紹了將「漫想」化為具體的原型、幫助別人理解的訣竅，但最後有一件事情不能忘記。那就是：「原型試做的最終目的是什麼？」如果原型試做是一種「思考法」或「發想法」，那麼我們也能把問題換成「到底為什麼要思考

／發想？」

這個問題想必沒有唯一的答案，而我的答案是「為了打動別人」。不管是多麼優秀的發想，都很難只靠一己之力實現。就像不管賈伯斯的漫想多麼出色，如果沒有對這個漫想產生共鳴的員工、投資者及消費者，蘋果的產品也無法對世界帶來這麼大的改變吧？賈伯斯既是創造出漫想的天才，同時在號召人們響應他的漫想方面，也擁有無與倫比的天賦。

因此，我們應該把「影響他人」視為表現的最終目標。因為無論把「漫想」表現得多有魅力，如果聽眾除了一句「聽起來很有趣」之外就沒有下文，就代表還有改善的餘地。最好把目標設為：看了原型的人，會忍不住自告奮勇，主動詢問「可以讓我幫忙嗎？」的程度。

我在 BIOTOPE 經常幫助企業客戶創立新事業，這時候也感受到「讓別人對原型產生共鳴」的重要性。能夠在100個，甚至200個事業構想中脫穎而出，讓經營團隊判斷做得起來的方案，除了「具備市場性」、「技術獨特」、「能夠取得投資」之外，還有其他特徵。

其中一個特徵是負責人是否真的把這個方案「當一回事」，另一個特徵則是構想是否「具體」。即便原型粗糙，只要看得見初期使用者或開發團隊的「具體樣貌、姓名」，多半也能獲得經營團隊的許可。因為這樣的方案對經營判斷具有「影響力」」。

我決定撰寫本書，也是受到原型「影響」的結果。負責本書的藤田編輯，第一次來找我的時候，準備的不是印在A4紙上的企畫書，而是3份「書本裝訂」的原型。雖然只是使用投影片製作的簡易樣本，沒有經過正式設計，但印刷成真實大小，甚至附上書腰標語，讓我非常興奮。換句話說，我自己也被「原型的魔法」控制住了。

為表現帶來共鳴的方法 展現故事的大綱

那麼，該如何做出讓聽眾產生「共鳴」，帶給他們「影響」的原型呢？我的建議是賦予原型故事性。如果想要超越比喻帶來的「理解」，以「打動別人」為目標，故事就會成為強大的幫手。

在商業的脈絡中，說故事已經變得相當一般，而我第一次接觸「編故事（story making）」的概念，是在設計系「Innovation Narative」的課堂上。老師當時給我們的作業是運用好萊塢製作電影的方法編出一篇故事，描述「自己構思的商品或服務如何改變使用者的生活與人生」[6]。

秘訣：強烈打動人心的「英雄故事架構」

在此介紹一個在編故事的手法中使用的架構。神話學家喬瑟夫・坎伯（Joseph Campbell）分析了在全世界神話中出現的共通模式，整理出名為「英雄之旅」的架構。這個架構圍繞著「主角」、「試煉」、「導師」這3項構成要素，展開7個階段的故事。「英雄之旅」的架構也被應用在好萊塢的電影當中，並因為喬治・盧卡斯導演使用在製作《星際大戰》系列而聞名。除此之外，據說《ET》、《刺激1995》、《鐵達尼號》、《回到未來》等也都使用了類似的故事架構。

「英雄之旅」不只能夠應用在編寫虛構的故事。如果把主角替換成「使用者」，試煉替換成「使用者遇到的問題」，導師替換成「解決問題的商品或服務」，就能有效應用在商業領域。簡而言之，就是創作出一個使用者克服問題取得幸福的故事。

順著故事的架構說明，更容易打動人心

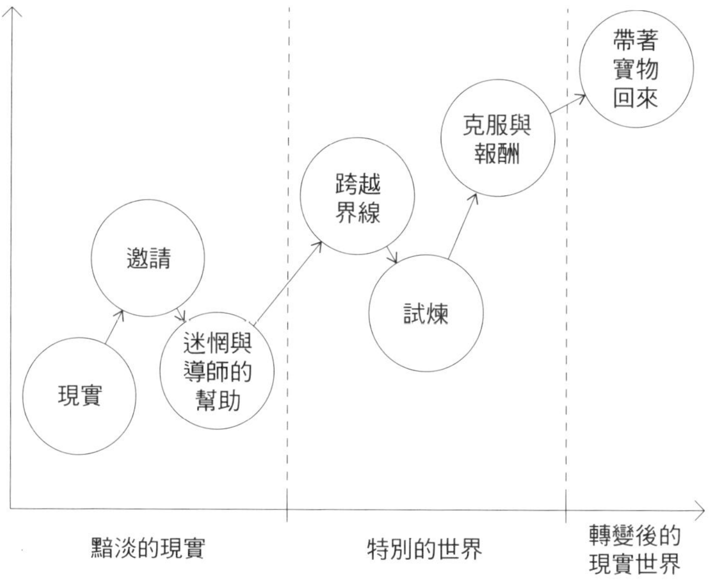

圖 5-11：「英雄之旅」呈現的故事架構

想要滿足這樣的故事架構，首先請透過回答下列7個問題填寫「分鏡腳本」。

①〈現實〉——主角現在面對什麼樣的課題？

②〈冒險的邀請〉——主角在什麼樣的契機之下得知新世界的存在？

③〈迷惘與導師的幫助〉——主角在踏上旅途之前是什麼樣的感受，而導師又擁有什麼樣的力量，能夠在主角進入新世界時從背後推他一把？

④〈跨越界線〉——主角決定踏上旅途（投身商品或服務的世界）時，懷著什麼樣的覺悟與期待？是什麼樣的契機讓他下定決心？

⑤〈試煉〉——主角在新世界中面對什麼樣的（多種）試煉？導師給予主角什麼樣的幫助？

⑥〈克服與報酬〉——主角如何克服試煉？又從中得到什麼樣的寶物？

⑦〈帶著寶物回來〉——獲得寶物的主角，看到住在原本世界的夥伴時，心裡想什麼呢？他會對夥伴們說什麼呢？

※替換：主角＝使用者／試煉＝使用者遇到的問題／導師＝解決問題的商品或服務

／寶物＝獲得的益處

寫完這些問題的答案後，再一次重新檢視整體的故事流程。

如果在這個階段覺得故事不夠有趣，可以留意下列幾點，改變故事的「調性」。

□讓故事的起伏對比更加激烈

□描寫主角的內心掙扎

□盡可能仔細描寫試煉與辛苦

□透過故事描寫主角真正獲得的事物

圖 5-12：將故事整理成一張「分鏡腳本」

最後準備清楚表達各個階段的視覺要素。如果用的是7張便利貼，可以畫成手繪插圖（草圖），如果更講究視覺效果，也可以像TED那樣，製作以照片為主的幻燈片或投影片。利用依此製作的故事傳達你的點子，想必就能讓聽眾產生共鳴，強烈打動他們的心。

NOTE

（1）Kay, A. (1972). "A Personal Computer for Children of All Ages." presented at the ACM National Conference,Boston. [http://www.vpri.org/pdf/hc_pers_comp_for_children.pdf]

（2）Wujec, Tom.(2010). "Build a Tower, Build a Team." TED2010.[https://www.ted.com/talks/tom_wujec_build_a_tower#t-258748]

（3）Dow, S. P., Heddleston, K., & Klemmer, S. R. (2009). "The Efficacy of Prototyping under Time Constraints." *Proceedings of the 7th ACM Conference on Creativity and Cognition:* 165-174.

（4）濱口秀司「什麼樣的大腦狀態容易產生創意？——管理創意的方法」[https://logmi.jp/business/articles/78371]

（5）Brown, Sunni.(2011). "Doodlers, Unite!" TED2011. [https://www.ted.com/talks/sunni_brown]

（6）關於好萊塢式的腳本術，這裡有詳細資料。▶Philip Lee「『好萊塢式企畫推銷訓練』講義錄」[https://www.unijapan.org/producer/pdf/producer_309.pdf]

終　章

漫想能夠改變世界

Truth, Beauty, and Goodness

《我們從何處來？我們是誰？我們往何處去？》（保羅・高更）——後印象派畫家高更在造訪大溪地時留下的傑作。從右到左鋪陳出人類從出生到死亡的過程。這幅畫被視為他在距離西方文明最遠的場所，向世人提出自己的人生觀的作品。

再問一次，為什麼要從「自我模式」開始？

「時代變化得很快。我們也不能總是一成不變，必須不斷地改變自己！」
「只是延續過去的做法，無法保持競爭力，我需要的是透視未來的能力！」

不久之前，都還經常看到這樣的論調。

然而進入了2020年代之後，大家可能會發現，我們已經進入VUCA的世界，換句話說就是在Volatility（不穩定）、Uncertainty（不確定）、Complexity（複雜）、Ambiguity（模糊）中翻騰的世界。「配合時代改變」或「預測將來的變化」等措施，已經逐漸失去意義。

當變化的速度與幅度變得如此之大，持續對變化做出「認真」的反應已經有困難。就這層意義來看，未來人類真正需要的，反而是「順應變化，但不要太受限於變化」的能力。

包含人類在內的所有生物，都具備「恆定性（homeostasis）」的基本機制，天生就會想辦法維持現狀。從個體的層級來看，不斷暴露在變化當中的狀態，只會造成壓力而已。所以諸如「我們要改變自己！」之類的自我啟發式口號，無法持續打動人心。

話雖如此，我們也不可能對這樣的現狀視若無睹。世界上還有無數待解決的問題，我們距離「不需要再改變任何一絲一毫」的狀態還很遠。而且如果停止改變，也等於放棄成長帶來的充實、滿足與興奮感。在充滿「停滯感」與「閉塞感」的日常生活中，我們可以忍耐到什麼樣的程度？這是個很大的疑問。

既然如此，我們到底該怎麼做才好呢？

不能只是「延續過去經驗腳踏實地認真努力」，

也不能「配合持續變化的世界漫無目的地奔走」，

即便如此，我們依然想要「品嚐個人的滿足與成長」，

為了達到這個目的，該怎麼想、該怎麼過才對呢？

前幾章介紹的「漫想思考」4步驟，就是我對這個問題的答案。在能夠「直線成長」的單純世界裡，只要在有限的時間中提高生產性，朝著自己設定的目標前進即可。

但另一方面，在數位網路串連的複雜知識社會中，這樣的方法已經幾乎失去有效發揮的場合。社會本身的變化速度加快，在這樣的情況下，個體的行動帶來具體結果的期間反而會拉長。而且到底能不能做出預期中的結果，也極度不確定。

在這種曖昧的世界裡，縮短嘗試錯誤的循環，並且長期不斷反復（疊代），將成為最可靠的策略。現在這個時代，在做出結果之前，想必得經過一段時間，但只要有耐心堅持到熬過去，就能獲得爆炸性成長。

就連現在已經成為全球市值排行榜龍頭的亞馬遜，也要等到創業10年後才開始獲利。在這之前，亞馬遜也經過了長時間邊動手邊思考的沉潛期。據說亞馬遜的營收，完全就像左頁這張圖中的等比級數曲線。

至於個人如果想要持續長期以來的努力，最好的方式就是把自己內在湧出的「漫想」當成驅動力。

　　我自己參與了無數的企業創新過程，並從這些經驗中發現，成功的計畫與失敗的計畫，差別只在於計畫中有沒有「漫想者」加入。除了從你內在挖掘出真正的「喜好」與「興趣」之外，沒有其他事物能夠幫助你撐過長時間的挫折。「自我模式」才是幫助我們不在眼前的變化中隨波逐流的「定錨」。

　　這裡談論的，不只是創業家或創新者抱持的「事業漫想」。把每個人、每個組織所

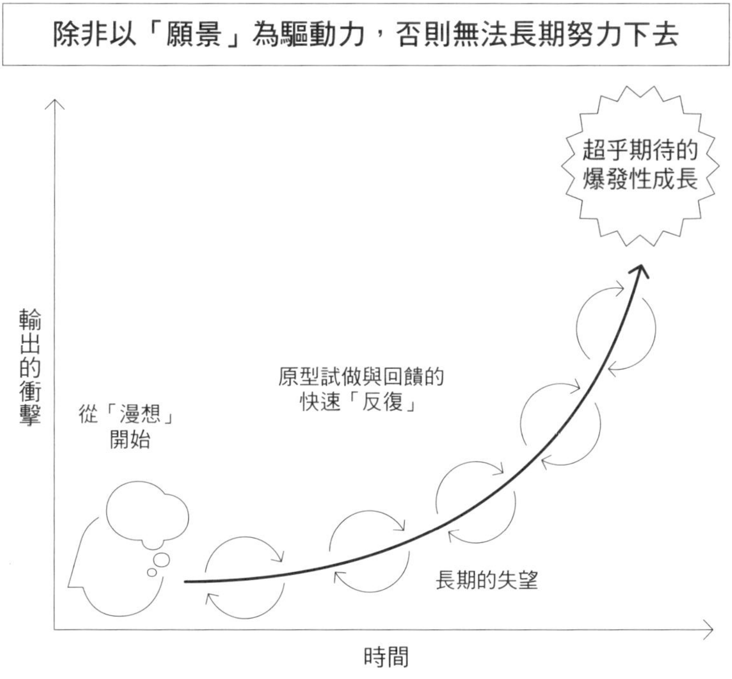

圖 6-1：漫想思考畫出的特殊曲線

懷抱的「願景」當成「定錨」的生存方式，在今後的社會當中，只會愈發重要。

養成創新的習慣之後，也會對購買名牌等商品失去興趣吧。因為人們在創造新事物時，就能在創造的過程當中獲得幸福感。

如果未來ＡＩ與機器人將成為基礎建設，取代部分人類活動，那麼在這樣的時代來臨時，把自己的漫想化為實體、充實自身的能力，想必將成為決定性的優勢。而為了實現整體社會的幸福，也必須讓愈來愈多的人擁有這樣的能力與習慣。

維持在「他人模式」，為實現短期的成果與期待而奔走，將被令人頭暈目眩的變化耍得團團轉，總有一天會累垮。開啟「自我模式」並做好萬全準備，等待從背後推自己一把的「機運」到來——保持這樣的心態，不僅能讓每天過得更愉快，最後也才更有可能在某天遭遇「超乎期待的爆發性成長」。

在藝術家的成長中看見「將漫想打磨成實體的技術」

到此為止，我一直強調「自己獨一無二的漫想」所擁有的價值。我們幾乎就要忘記「自我模式」的思考。所以我才不斷強調，我們必須把「別人的觀點」與「市場的評價」暫時擺在一邊，刻意進行「自我中心」的思考訓練。歷史上真正具有創造性的構想與創新，也總是從願景驅動型的思考中誕生。

而另一方面，愈是去深入「自己獨一無二的漫想」，並將其傳達出去，結果就愈容易遇見與自己擁有類似漫想的人。能夠順利歸納漫想，並從中找出驅動力並實際執行的人們，也能在彼此的漫想之間看見共通且珍貴的要素。

以漫想為驅動力的人們，在終於獲得「社會性關注」後，將更容易彼此「邂逅」。耐人尋味的點在於，愈是受願景驅動的人，愈希望「與擁有相同漫想的人一起完成某件事」。至於愈是只觀察市場風向的人，則只會希望「做出差異，在競爭中勝出」。

東京大學的岡田猛表示，在支持藝術家的創作活動的「創作漫想」中，也能看見類似的成長過程(1)。創作漫想指的是藝術家在創作人生中遇見的，某種類似決定性主題的事物，而當事人藉由逐漸熟練的過程，會使漫想逐漸明確並產生變化。

這個過程有3個階段。首先，初出茅廬的藝術家，具有把「創作漫想」依附於「他者」的傾向。譬如模仿既有的價值觀，或是反過來刻意與同時代的藝術家做出差異的創作活動，就是一種典型。接著來到依附於「自我」的階段，他們徹底反思自己內在的問題意識，並為了奠定「只屬於自己的表現風格」而展開摸索。

然而，當藝術家進入熟練的最後階段，能夠明確意識到自己的創作漫想時，反而逐漸不再拘泥於自我風格，開始追求「他者與自我的調和」。他們會邊根據自己的漫想創作出多樣的作品，邊思考與他者之間的關聯性，將表現的幅度擴大到各個層面。

這樣的思維或許也近似於日本傳統表演藝術領域常說的「守破離」吧。第一階段是配合既有的做法（守），接著刻意與之拉開距離，開創自己的流派（破），最後構築出融合兩者之道（離）。

從「社會脈絡」再次探索漫想——真・善・美

漫想思考中的「漫想願景（vision）」也有類似守破離的面向。就算聚焦於「發自內在的關心的事物」，徹底鑽研漫想的獨創性，其思考也往往會擴展到類似「解決社會問題」的大方向。

近年來，把焦點擺在藝術、哲學、美學、社會學、歷史學等人文素養成為世界的主流，或許也是基於這樣的背景。在現代，對科技創新的樂觀主義，已經不再像以前那樣高調。

美國「西南偏南多媒體藝術節（SXSW）」是知名的「科技與新創的盛宴」。SXSW考慮到科技對人類社會帶來的不良影響，也開始提倡我們必須更深入理解人類本質的主張。我任教的大學院大學至善館研究所，也為了勾勒出次世代社會的理想樣貌，準備了兼顧西洋哲學、宗教學、社會學、東洋哲學等博雅教育與培養構想力的設計思考MBA課程，以此培育22世紀的領袖。

本章的章名頁配了一幅高更的畫，這幅畫的標題，就是對生活在現代的我們每一個人所提出的問題。《我們從何處來？我們是誰？我們往何處去？（D'où venons-nous? Que sommes-nous? Où allons-nous?）》——向每個人質問人生價值觀的時代已然到臨。

在這樣的脈絡當中，哈佛大學的發展心理學者霍華德・嘉納（Howard Gardner）就表示，我們應該重新反省自己工作的「目的」。於是他建議把「真、善、美」的價值基準，融入職場與教育當中。因為在科技以驚人速度進化的時代，更應該培育對於「活用科技的目的」擁有確切價值觀的人才(2)。「真、善、美」的概念最早由發展理型論的柏拉圖提出，自古以來主要由哲學、思想的領域繼承，但嘉納則強調這是實務家必備的素養。

雖然大家普遍認為「哲學是只有專家才能進入的領域」，但現在卻逐漸需要方法將哲學內化成我們每一個人具備的素養。在此，為了使自己的漫想培養出更大的規模，不妨試著從「真、善、美」的觀點設定幾個問題。

譬如「真」。由於數位技術的發展，在「真實世界」之外，誕生了廣大而多樣的「虛擬世界」。此外，也有人說「川普現象」開啟了「後真相（post-truth）」的時代」，比起客觀事實，情感訴求更容易帶給社會影響。既然如此，「絕對正確」的事物已經不存在了嗎？如果對你的漫想而言，存在著稱得上正確（真）的事物，這個「真」又該以什麼為依據呢？

譬如「善」。你的漫想是為了打造什麼樣社會呢？你腦中想像什麼樣的人得到幸福的身影呢？如果有人覺得你的漫想「不好」、反對你的漫想，會是什麼樣的人呢？你的漫想該如何改變，才能號召更多的

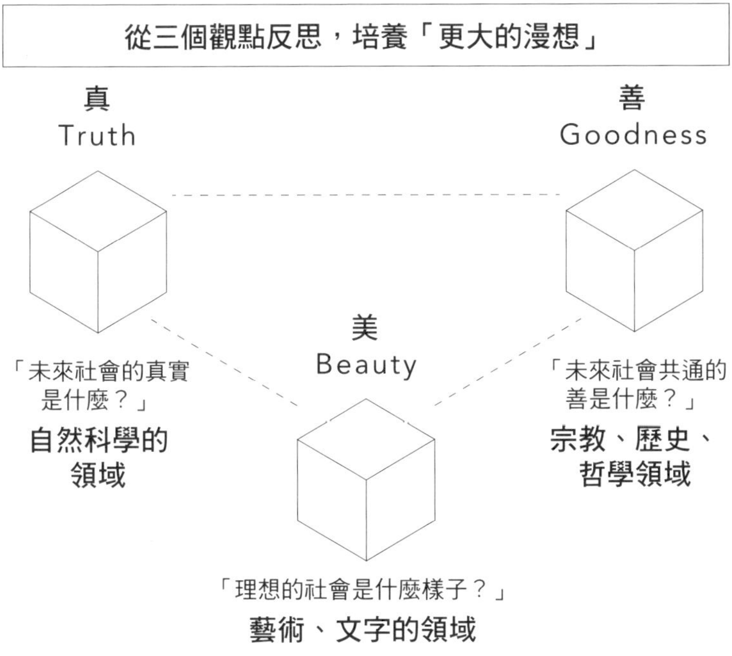

圖 6-2：嘉納提倡的「真、善、美」

人一起合作呢？如果要讓別人意識到你的漫想是今後社會的「共通目的」，還需要什麼呢？

譬如「美」。對你而言，「美的事物」是什麼呢？反之，你覺得「不舒服的事物」、「不美的事物」又有哪些共通點呢？如果人們從你的漫想中感受到「魅力」，這魅力的本質又是什麼呢？

透過這些問題琢磨自己的漫想，並訴諸於社會，那麼起初的「單純」漫想，也總有一天會逐漸擴大至「解決社會問題等級的理念」。

這類理念可以想到的典型，舉例來說有「SDGs（Sustainable Development Goals：永續發展目標）」。SDGs是2015年聯合國高峰會採納的國際目標，遍及17個領域共169個，並明訂在2030年以前達成。

如果有人從一開始就覺得公共的課題是自己的責任，這是一件很棒的事情。但我認為，對個人、組織而言，重點不再於一下子就把SDGs之類的社會課題設成自己的目標。畢竟只有極少數的人能夠光靠純粹的善心持續面對這些課題，多數的人應該都維持不了多久。

在遲遲看不到終點的過程中，為了致力於解決長期的課題，避免半途而廢，不可缺少某種優先於「公共心」的事物。對個人而言，愈是大到難以處理的課題，愈需要從「個人內在湧出的無以名狀的漫想與直覺」開始。必須先將自己的漫想化為實體，才能「銜接」到更大的目標。

不需參考 SDGs 也能知道，世界上還存在著無數的重大課題，也會再爆發無法預期的問題吧。即使如此，我想對未來的世界而言，重要的依然不是一下子就從「拯救世界」、「幫助別人」的立場開始，而是先誠實面對自身的「漫想」。而 SDGs 的作用，則

圖 6-3：什麼是 SDGs（永續發展目標）？

是在進一步尋找實現漫想的夥伴時，可以成為有力的「號召」吧。

就這層意義而言，我相信漫想思考正是「為真正想要改變社會的人量身打造的思考法」。

NOTE

（1）岡田猛・橫地早和子・難波久美子・石橋健太郎・植田一博「當代藝術創作中的『錯位』過程與創作漫想」《認知科學》2007年14卷3號

（2）Gardner, H. (2011). *Truth, Beauty, and Goodness Reframed: Educating for the Virtues in the Age of Truthiness and Twitter*. Basic Books.

—結語—

漫想影響無形資產的時代

——Business, Education, and Life

「我覺得最近漸漸無法從大人口中聽到『充滿希望的故事』了。但我相信，談論夢想能夠聚集無形資產，而聚集無形資產就能影響有形資產。」

這句話出自日本足球代表隊的前教練岡田武史。岡田教練是願景驅動型思考的體現者，也是影響我最深的人物。他現在以「經營者」的身分，經營FC今治這支足球隊，並為了在全日本推廣日本式足球訓練法，或稱為岡田訓練法，提出了在今治打造全新產業的遠大願景。

我在創業兩年左右遇見了他。當時的我在從事將設計推廣到商業與經營現場的工作時，開始意識到客戶與社會的需求，於是我在無意識當中為了取悅別人而迎合對方的答案。就在這時，岡田教練的話深深刺中了我的心。

我的女兒剛好在那時出生，所以我也開始思考自己能為孩子做些什麼。我在BIOTOPE幫助企業建立他們長期的願景，打造2030年的未來藍圖。當時不管願不願意，我都意識到這個打造長期願景的工作，檢視的正是我想為自己兒女的世代留下什麼的覺悟。於是我決定要傳達自己的理念。

這本書是我透過在事業現場為形形色色的企業打造未來的過程，把現在自己最想表現的內容整理而成的作品，對我而言，撰寫本書體現的正是願景驅動的生活方式。京都造形藝術大學為我準備了公開課程這個藝術畫布，課程因此而誕生，而我從課程的回饋中獲得勇氣，本書就像我抱持著自己的漫想質問世界所催生出來的藝術作品。

我們正生活在時代的重大轉變期。舊時代的做事方法，在世界上已經漸漸不再是理所當然。而隨著AI等技術的進展，我們過去認為是工作的項目，也漸漸不再是工作了吧。我們身處在這樣的時代，應該做出什麼樣的事物才對呢？應該留下什麼樣的事物才好呢？

我所勾勒的，是人們把實現漫想的生活方式視為理所當然的未來，是人類可以在對自己的滿足感中生活下去的社會。現在網路與人工智慧已經成為帶給許多人效率的基礎建設，使得我們愈來愈難感受到人生的意義。正因為如此，不使用太多資源就能表現自我特色，獲得自我效能的設計、藝術、工藝、農業、料理、運動等文化方面的活動，在這樣的環境中變得更加重要。購買名牌服飾、包裝好的商品，屬於浪費資源的娛樂方式，無法長久持續下去。至於能夠表現自我的事物，是不浪費資源的環保活動，也能重新生產、擴大人生的意義。

那麼，面對這些漫想，我們該從何切入呢？BIOTOPE 這間公司的經營理念，是透過企業的創新資源與策略設計諮詢，在企業現場增加更多願景驅動型的人，盡可能在日本留下更多持續在不同時代創造意義的願景驅動型公司。如果願景驅動型思考法，在企業經營等擁有強大社會影響力的方面變成理所當然，那麼這樣的思維，不就能夠擴及政治、教育等其他領域嗎？

本書拋出了「願景驅動」這種概念。為事業現場帶來願景驅動的創新是理所當然，但我想將這樣的思維擴及其他領域更是重要。其切入點有二。第一是教育現場，其次是個人的人生設計現場。

首先是教育。事業與教育乍看之下分屬不同領域，但實際上在企業第一線勤奮工作的30～40多歲員工，也同時是家庭中的教育者。改變在職場上的工作方式，也會直接改變他們在家庭中與孩子的接觸方式。自我思考力被稱為「21世紀型技巧」，而學校也開始引進培養自我思考力的課程。為了配合這樣的改變，教育現場也引進了藝術與設計的思考方式，開始培養學生自己思考問題，將問題具體呈現出來並將其解決的能力。雖然這樣的思考方式，在學校有很大的活用空間，但在這之前更重要的是擺脫把教育交由老師全權負責的模式，以及把重心擺在家庭中的實踐。各位一定要明白，孩子原本就具有想像力與創造力，他們是與生俱來的願景驅動者。而扼殺這項能力的，是身為大人的我們。大人在工作上改變、在家庭中改變，孩子也會隨之改變吧？如果閱讀本書的上班族，能夠試著與伴侶、孩子透過一起練習的方式，將願景驅動自然而然融入家庭的日常生活當中，對我而言就是最欣慰的事情。

另一個領域是生活方式設計。雖然愈來愈常聽到「人生百年時代」的口號，但現在這個時代，在同一間公司持續工作到60歲退休的人明顯逐漸減少。在這樣的社會中，到了某個時間點必然得另闢蹊徑，這種生活會逐漸變得理所當然。在必須自己創造職涯的時代，培養需要的生活技能，就是確認自己的「北極星」，幫助自己在不確定的路上走下去。我想這本書能夠帶給未來將走上這條蹊徑的人一點提示。

未來是做小生意的時代。不僅可以透過網路與客戶連結，就連製作、販賣商品也都能自己來。喜歡的事情只要長久持續下去，回過神來就會發現：即使環境發生巨變，自己還是能為自己創造出市場。這樣的時代逐漸到來。即使很難一開始就走上打造「人生藝術山脈」的職涯，但擁有自己的「漫想工作室」的生活方式，對於日後將面臨找工作、換工作、重新步入職場等人生轉折點的人而言，或許也能成為指南。

如果各位能夠以本書為契機，在事業、教育、人生設計這3個領域，遇見對本書的想法有共鳴的夥伴，並且與他們一起在社會上實踐、推廣這樣的思考方式，就是筆者無上的喜悅。

本書的內容，根據我在京都造形藝術大學開設10小時（2小時×5次）工作坊「實現漫想的技法」的講義寫成。我也已經準備好系列的課程，日後也計畫打造各種教學的場合，以及設計培育指導者的課程。關於課程的詳情，請參考下列網址。

https://www.slideshare.net/sasokunitake/vision-driven-workshop-131413706

此外，我也開設了願景驅動的 note，今後預定隨時更新活動與動態。希望各位一併參考。

最後我想對與我齊心協力一同製作本書的鑽石社編輯藤田悠、在京都藝術造形藝術大學的課程中，為我打造「實現漫想的技法」這張「畫布」的本間正人老師與早川克美老師、幫助我準備課程的高木康介以及各位學生由衷致上感謝之意。

還有幫忙把我的漫想世界畫成圖的 BIOTOPE 的松浦桃子、在推敲過程中幫助我的金安壘生、二宮將吾、土屋亘與坂間菜未乃、以及帶給我許多靈感的市川力、山本興毅、森清成，真的很感謝你們。

除此之外，我也想對給我機會思考自己人生的岡田武史教練、總是與我一起探索經營學與創新設計領域最前線的入山章榮先生致上感謝之意，也謝謝你們推薦本書。

此外，對於總是支持我的家人，皐月、真優以及與本書一起誕生的邦紀，我更是只有無盡的感謝。

在平成最後的正月，獻給即將活在下一個時代的你

佐宗邦威

一作者一

佐宗邦威

BIOTOPE公司董事長兼首席策略設計官。

大學院大學至善館副教授，並曾任京都造形藝術大學創造學習中心客座教授。

東京大學法律系畢業，伊利諾理工學院設計系碩士（Master of Design Methods）畢業。

在寶僑行銷部門負責「風倍清（Febreze）」與「蘭諾（Lenor）」等熱門商品的行銷後，擔任「吉列」刮鬍刀的品牌經理。而後進入SONY。在該公司的創意中心，參與全公司的新事業創立計畫等。

離開ＳＯＮＹ之後，成立決策設計公司「BIOTOPE」。擅長B to C的品牌設計、高科技研發概念設計、服務設計計畫等領域。提供山本山、文具製造商PENTEL、ＮＨＫ教育台、Cookpad 食譜筆記、NTT DoCoMo、東急電鐵、日本足球協會、ＡＬＥ等各種企業／組織創新支援。對於將個人漫想化為驅動力的創造方法論也知之甚詳。

著作有《商業人・設計腦》（商業周刊，２０１６）

▼BIOTOPE　https://biotope.co.jp/

▼Twitter　@sasokunitake

國家圖書館出版品預行編目資料

高維度漫想：將直覺靈感，化為「有價值」的未來思維 / 佐宗邦威作；林詠純譯. -- 臺北市：三采文化，2020.07 面； 公分. -- (TREND；61)
譯自：直感と論理をつなぐ思考法 VISION DRIVEN

ISBN 978-957-658-374-2（平裝）

1. 企業管理 2. 創造性思考

494.1 109007920

◎封面圖片提供：
local_doctor ／ Shutterstock.com

suncolor 三采文化集團

Trend 61

高維度漫想：

將直覺靈感，化為「有價值」的未來思維

作者｜佐宗邦威　譯者｜林詠純
主編｜喬郁珊　選書編輯｜李媁婷　版權經理｜劉契妙
美術主編｜藍秀婷　封面設計｜高郁雯　內頁排版｜菩薩蠻數位文化有限公司
行銷經理｜張育珊　行銷副理｜周傳雅　行銷企劃｜金姵安

發行人｜張輝明　總編輯｜曾雅青　發行所｜三采文化股份有限公司
地址｜台北市內湖區瑞光路 513 巷 33 號 8 樓
傳訊｜TEL:8797-1234　FAX:8797-1688　網址｜www.suncolor.com.tw
郵政劃撥｜帳號：14319060　戶名：三采文化股份有限公司
本版發行｜2020 年 7 月 31 日　定價｜NT$420